餐桌上的文化课

4

烟火滋味

安迪斯晨风——著
陈丽丹——绘

GUANGXI NORMAL UNIVERSITY PRESS
广西师范大学出版社
·桂林·

CANZHUO SHANG DE WENHUAKE　YANHUOZIWEI
餐桌上的文化课 烟火滋味

出版统筹：汤文辉　　责任编辑：戚　浩
品牌总监：张少敏　　助理编辑：纪平平
选题策划：李茂军　戚　浩　　美术编辑：刘淑媛
责任技编：郭　鹏　　营销编辑：赵　迪
特约选题策划：张国辰　孙　倩　　特约编辑：孙　倩　冉卓异
特约封面设计：苏　玥　　绘图助理：潘　清
特约内文制作：苏　玥

图书在版编目（CIP）数据

餐桌上的文化课. 4, 烟火滋味 / 安迪斯晨风著；陈丽丹绘. --桂林：广西师范大学出版社，2024.4
（神秘岛. 小小传承人）
ISBN 978-7-5598-6798-8

Ⅰ. ①餐… Ⅱ. ①安… ②陈… Ⅲ. ①饮食－文化－中国－少儿读物 Ⅳ. ①TS971.202-49

中国国家版本馆 CIP 数据核字（2024）第 039283 号

广西师范大学出版社出版发行
（广西桂林市五里店路 9 号　邮政编码：541004
网址：http://www.bbtpress.com）
出版人：黄轩庄
全国新华书店经销
北京尚唐印刷包装有限公司印刷
（北京市顺义区马坡镇聚源中路 10 号院 1 号楼 1 层　邮政编码：101399）
开本：720 mm × 1 010 mm　1/16
印张：6.75　　字数：83 千
2024 年 4 月第 1 版　　2024 年 4 月第 1 次印刷
定价：39.80 元

前言

如果你去问美食家，用什么方式处理食材做出的菜肴更好吃，答案很可能是：保持食材本来的味道。新鲜的三文鱼，切成生鱼片就很美味；阳澄湖大闸蟹，蒸一蒸就鲜得很。不过，这些高级食材本身味道就好，如果是普通的食材，就需要用到一些烹饪技巧，让它们变得更加美味。

原始社会时期，人们学会用火之后，开始把捕猎得到的野兽的肉放到火上烤熟了吃。对烤肉焦香滋味的向往，就这样留在了人类的基因中，现在我们依然会对着烤肉大快朵颐。进入新石器时代后，人类发明了陶器，开始用陶器做炊具煮食物，进而催生出另一种直到现在都十分流行的吃法——火锅。后来，在烤和煮的基础上，我们的祖先又发明了煎、炒、烹、炸、煸（biān）、煨（wēi）等烹饪方式。但万变不离其宗，这些烹饪方式都是烤和煮的变体。

学会调味，是我们中国人在烹饪上的一大进步。《尚书》中记载，商王武丁任命贤臣傅说为相时说："若作和羹，尔惟盐梅。"这是把辅助自己治理国家的大臣比作烹饪时用来调味的盐和梅。盐和梅子是中国人最早使用的两种调味料，盐可以给羹汤增鲜，梅子的酸味可以去除肉类的腥气。后来，人们又从茱萸（zhūyú）、姜等植物中提取出了辣味，从苦菜中提取出了苦味，从蜂蜜和麦芽糖中提取出了甜味。以上这三种味道再加上咸、酸合在一起，被称作"五味"。

中国人一直非常重视烹饪，认为烹饪中蕴含着十分深刻的道理，甚至可以用来治理国家。商朝时，负责做饭的庖厨地位相当高，辅佐第一代商王汤夺取天下的伊尹，最初就是一个庖厨。他擅长调理食物的滋味，还从烹饪中领悟到治国的道理，于是商王汤就让他来管理朝政，伊尹的才华也得以尽情施展。虽然后世没再出现过庖厨出身的宰相，但是先贤依然会用烹饪的道理比喻治国。例如，春秋时期的哲学家老子曾说：“治大国若烹小鲜。”他将治理大国比作煮小鱼，可见古人对于烹饪的重视。

目录

目录

火锅

①

要说在冬天最受欢迎的美食，那一定非火锅莫属。数九寒天，和家人或朋友围在一起吃火锅，香喷喷、热乎乎，别提多开心了。不过，你可能会好奇，到底是谁发明了火锅呢？古人也和我们一样爱吃火锅吗？

如果我们把火锅定义为“边加热食材边吃使用的锅”，那么火锅的发明比我们想象的要早很多，史前时期的陶鼎就已经有火锅的雏形了。后来，火锅的样式和使用的食材不断创新，因而越来越受欢迎。

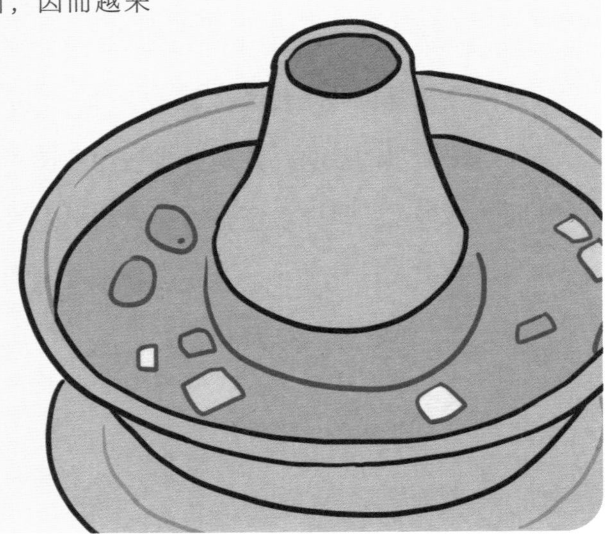

超级大火锅——鼎

火锅在中国的历史非常久远，可以追溯到文字记述出现前的时代，因为它跟古人创造的一种炊具——鼎有关。

大约一万年前，我们的祖先发明了陶器。早期陶器主要有鼎、鬲、豆、盘、盆、杯等，它们有的用来做饭，有的用来盛放食物，其中鼎就是火锅的雏形。《说文解字》中对“鼎”的解释是：“三足两耳，和五味之宝器也。”意思是说，鼎是三条腿、两只耳，可以用来烹制食物、调和食物味道的炊具。

早期的陶鼎有一个大大的肚子，里面可以放食物，底部为圆底或平底，圆柱形或扁片形的三条腿可以作为炉架。陶鼎的边沿有两只耳，有的陶鼎还带有盖子。

先民们往陶鼎里倒入水，底下生上火，等水煮沸后，把食物放入陶鼎里煮熟，就像现在的大杂烩一样。不得不说，在炉灶还没有被发明出来的原始社会，这样的设计真是聪明极了。

后来，随着金属材料的发现、技术的革新，青铜器横空出世。到了商朝，青铜冶炼技术已经非常发达，青铜鼎取代陶鼎成为人们使用的主要炊具，并且变得越来越大，越来越沉。这是为什么呢？因为这时的青铜鼎不仅是厨房里的炊具，还有一种更重要的用途——祭祀。人们认为，祭祀时用的鼎越大，越能表示出对神灵和祖先的尊重。

商朝人迷信鬼神，商王会把很多精力用在祭祀上，三日一小祭，五日一大祭，逐一祭拜神灵和祖先。

商王用的祭品大多是食物，主要有猪肉、牛肉、羊肉。这些作为祭品的食物被盛放在鼎中。到了周朝，由于祭祀时鼎的数量代表着身份和地位，于是规定只有最尊贵的天子祭祀时，才能使用九只鼎。

祭祀仪式结束后，祭品不会浪费，而是分给参与祭祀的人，这叫“归胙（zuò）”。

可以保温的小火锅——温鼎

我们吃火锅时，会用烧炭、通电等方式，不断给锅加热，来保证锅里的食物不会变凉。尤其是煮肉的时候，如果温度低了，锅里的油脂就会凝结起来，变得难以入口。

然而，商王的祭祀仪式复杂而漫长，一套流程下来，鼎里的食物早就凉透了，这可怎么办呢？为了解决这个问题，在商朝晚期，一种具有保温作用的温鼎应运而生。

以江西出土的兽面纹青铜温鼎为例，它与普通鼎不同的地方在于，它的内部分上下两层，正面的鼎壁上有一个小门，小门直通下层火膛，在这一层放上炭火，就可以给上层鼎内的食物加热保温。小门上安装有轴，可以方便地开启和关闭。小门上还有钮状插销眼儿，可以防止小门意外敞开。

兽面纹青铜温鼎

后来，温鼎越做越精巧。例如西周晋侯墓出土的温鼎，它的三条腿被设计成卷尾鸟形，三条腿中间用一个圆形托盘连接，将整个温鼎分成上下两层。下层的托盘作为炉膛，用来放木炭；上层的鼎用来盛放食物，人们可以一边加热食物，一边进食。

晋侯温鼎结构精巧，将炉子和鼎融为一体，体积小、重量轻，可以根据使用者的需求移动到任何地方。由于它体积小，烧的是木炭，所以鼎下的火焰不容易把使用者灼伤。

当时流行分餐制，这种温鼎应该是专供单人使用的，与今天的单人小火锅相似，一人一锅。

海昏侯的小火锅——染炉

公元前 74 年，汉昭帝驾崩。因为汉昭帝没有儿子，所以皇室子弟刘贺被扶上帝位。刘贺即位后昏庸无度，据记载，他在短短 20 多天里干了 1000 多件荒唐事，搞得宫廷上下乌烟瘴气。刘贺即位 27 天后，忍无可忍的大臣们发起政变，废黜了刘贺，他成为西汉在位时间最短的皇帝。后来刘贺被封为海昏侯。不过，这位废帝绝不会想到，在几千年后，他又一次成为大众关注的焦点：他的墓葬被考古发掘，从中出土的文物令人叹为观止。

在海昏侯墓出土的文物中，有一套青铜炉具虽不起眼，却把专家们难住了。这种炉具在同一时期的汉墓中发现了不少，可它到底叫什么名字，有什么作用，专家们有着不同的结论。有人把它叫作“烹炉”，认为它是用来温热肉羹的；有人发现炉具上的耳杯和西汉时期通用的酒杯形状一样，认为这是用来温酒的温酒炉；还有人认为它是用来熏香的，应该叫“熏炉”。后来，考古学家发现这类炉具中有的刻有“染”字，于是最终将它定名为“染炉”。

那么，染炉到底是用来做什么的呢？有人根据这个“染”字，认为它是用来染丝帛的工具。可是这种炉具太小了，用来染丝帛十分勉强。后来，又有专家在一件同类染炉上，发现了刻有“清河食官”的铭文。“食官”就是负责管理膳食的官员。专家据此推断，这种染炉应该是一种饮食用具。

“染”有沾染的意思，古人也将调味料称为“染”，今天叫蘸酱。专家认为，染炉是用于涮食物的食具，炉上的耳杯是用来装调味料的。使用时，将肉煮熟后，放到耳杯里的调味料里涮一涮，边涮边吃。

染炉由承盘、炉、耳杯三个部分组成。炉的口部很大，方便在上面放置耳杯；底部稍小，可以聚火；内部沿袭了温鼎的设计，空膛可以盛放木炭，用于加热；四周镂空用于通风，利于木炭燃烧。染炉下方的承盘则用来接掉落的炭灰。

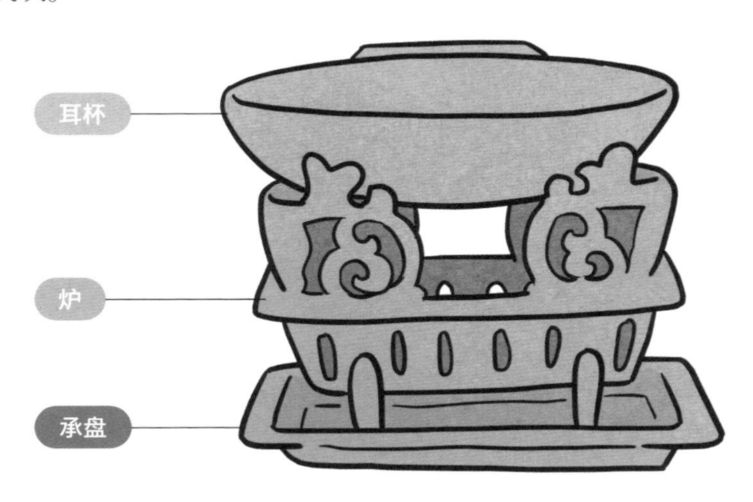

整个染炉最特别的地方在于炉上的耳杯，它用于盛放调味的酱汁，杯体是活动的，便于随时取下替换或清洗。汉朝人吃饭习惯蘸热的调味酱汁，而染炉自带炉子，正好可以给耳杯里的酱汁加热。这样的设计是不是非常巧妙呢？

染指于鼎

春秋时期，郑灵公请大臣们吃煮鼋（yuán），鼋就是一种大甲鱼。但郑灵公却故意冷落子公，不给他吃。子公对此很不满，伸出食指，在盛甲鱼的鼎内蘸了点汤，吮了吮手指，然后就大摇大摆地走了。郑灵公非常生气，想派人杀掉子公，没想到子公听说后决定先下手为强，反而把郑灵公杀掉了。成语“染指于鼎”就出自这个故事，后来，人们用它来比喻占取不该属于自己的利益。

染炉在西汉时期很流行，目前考古发现的染炉都出自西汉墓葬。其中有的染炉附带长柄，这样拿取时就不会烫手了；有的配有带孔的箅子，用于将调味酱汁中的碎渣隔在底下，食物便不会因沾上碎渣而影响口感。在吃这件事上，古人真会动脑筋。

染炉的耳杯和紫砂壶差不多大，其他部件也很小巧，整套炉具十分精致。染炉是供单人使用的。汉朝和西周一样，流行分餐制，一人一案，一案一炉，随吃随“染”。

迷你小火锅——镳斗

东汉以后，类似染炉的单人小火锅越来越小，甚至小到只有碗一般大，这样的火锅就是镳（jiāo）斗。

镳斗最早被记载于汉朝史学家司马迁所著的《史记》中，是汉朝士兵行军时经常携带的一种多功能青铜炊具。镳斗很小，容量只有一升。它的主体像个小杯子，上面有个斜向上翘的口，方便倒出食物。镳斗的后端连着一根长柄，有的柄首会做成龙、虎、麒麟等兽头的模样。镳斗底部的三条腿也常被制作成兽足的形状，让整个镳斗看上去像是一只昂首挺胸的猛兽。

镳斗的容量十分小，水很容易沸腾溢出，所以不大可能用来煮熟食物，却很适合用于给食物加热保温。镳斗底下有三条腿支撑，便于将它放到热水中或火堆上加热。除了加热食物，它还可用作温酒。另外，镳斗上有钻孔，可以用绳子系挂，方便随身携带。

金属做的镳斗经久耐用，士兵们在军营里巡逻时发现紧急情况，也会随手抄起镳斗敲击，发出报警信号，所以镳斗也被士兵们称为“锣锅”。

想象一下，军队在野外驻扎，开饭的时候，士兵们提着自己的镳斗去打饭，然后回到火堆旁，几个人围坐在一起聊着天，边加热镳斗，边吃里面的食物，不失为一种放松心情、保持战斗力的好办法。

由于镳斗使用起来非常方便，很快就从军队流传到民间，用于百姓的日常生活中。除了在中原地区出土过镳斗，在西北地区的宁夏、甘肃，北方地区的内蒙古、辽宁，西南地区的云南、贵州、四川等地，也都出土过镳斗，而且数量不少，这说明镳斗在古代是一种被广泛使用的炊具。

最早的鸳鸯火锅

一个火锅里分两格，两个格子里放不同的汤底，这种火锅叫“鸳鸯火锅”。鸳鸯火锅并不是现代的产物，而是早就有的老古董。

据史料记载，三国时代的魏文帝曾赏赐给大臣一口五熟釜（fǔ），这个釜里有五个方格，使用者可以根据个人喜好，将食物分别放在五个方格中同时烹制。

2021 年，考古学家在江苏盱眙大云山的汉墓中发掘出一只分格鼎——五格濡（rú）鼎，这是迄今为止出土的唯一一件西汉分格铜鼎，比五熟釜的记载还要早几百年。

这座汉墓的主人是汉武帝的哥哥江都易王刘非，墓中出土的这只五格濡鼎与现代的鸳鸯火锅非常相似。我们现在的鸳鸯火锅中间有一个隔板，把锅分为两格。而五格濡鼎则分为五格，中间是一个圆形格子，圆形格子外围用隔板再平均分为四格，这种具有多格的鼎被称为“分格鼎”。

人们在使用分格鼎时，不仅可以在格子里分别放入猪肉、羊肉、牛肉等各种肉类，还可以分别调制酸、辣、麻、咸等不同口味的汤。这样既能吃到各式风味的食物，还能兼顾多人的饮食喜好。

除了五格的分格鼎，古代还有分三格的炊具。考古人员在重庆出土过一件 2000 年前的釉陶质釜灶，下面是三脚支架，上面是釜，釜内分为三格。这件炊具不禁引人遐想：也许 2000 年前，重庆人就爱上火锅了。

唐朝的通心式火锅

白居易有一首诗《问刘十九》，内容是邀请朋友来做客："绿蚁新醅酒，红泥小火炉。晚来天欲雪，能饮一杯无？"意思是说，屋内我已经准备好了泛着碧绿色酒渣的新酿小酒，红泥小火炉里炭火烧得正旺，屋外一场大雪正待落下，老朋友你要不要过来喝上一杯呀？在一个天寒地冻的晚上，这样的邀请可以说很有诱惑力。这首诗里说的"红泥小火炉"，就是当时流行的一种陶制火锅——暖锅。

唐朝开始流行合餐制，人们在凳子、椅子上垂足而坐，围着大桌子吃饭。火锅的造型也发生了翻天覆地的变化，不再是原来那种单体式大圆锅，而是变成有一个小烟囱从锅底中间穿过的通心式火锅。汤水倒在烟囱周围的锅里，木炭放入烟囱底下的火膛中。点燃木炭加热锅中的汤水，而烟尘则从烟囱中排出。通心式火锅的先进之处在于，不仅可以加热底部的汤水，还可以通过烟囱将烟气集中排出。

宋元时期的涮火锅

谷董羹

北宋的苏东坡记载过一种火锅——谷董羹，也叫“骨董羹”。这种火锅的吃法是，将肉类、蔬菜一起放进锅里煮，听见锅里传出咕咚声就可以吃了。

拨霞供

宋朝流行一种兔肉火锅，叫“拨霞供”，当时的美食家林洪记录了它。

林洪热衷于美食研究，一生中大部分时间都花费在这上面。他对美食的评判标准跟别人不一样，豪华酒楼、市井坊间的美食统统入不了他的法眼，他认为那些食物都俗不可耐。他最喜欢钻进深山老林，寻找山野里的原生态食材。每当找到独特的食材或者研究出别样的烹饪方式，他就津津有味地记录下来，汇集在一本书里，这本书就是《山家清供》。书中介绍了很多以野果、野菜、蕈（xùn）菌、动物为食材的美食，并记载了它们的具体烹饪方法。

有一次，林洪到武夷山拜访朋友。正逢天降大雪，林洪途中抓获一只野兔，便带到朋友住处准备当下酒菜。可是厨师不在家，没人会烧制兔肉。正当大家失望之际，有人想出一个主意：将兔肉切成薄片，将一锅清汤煮开后，用筷子夹着肉片在汤中轻涮几下弄熟，蘸上酒、酱料、花椒等制成的调味料，这样吃味道大概不错。

林洪便按照这种方法烹制兔肉，大家一尝，发现味道特别鲜美。于是在这大雪纷飞的寒冬中，几个好友围聚一堂，吃着美食，谈笑风生。吃到高兴处，林洪看着锅中翻滚的肉片犹如晚霞，便将这道菜取名“拨霞供”。日后，他还为此赋诗一首，诗中“浪涌晴江雪，风翻晚照霞”描述的就是涮兔肉的场景。

林洪没忘记把这道拨霞供记入《山家清供》中，并附注“猪羊皆可作”，就是用猪肉和羊肉做也行。这是中国古代文字记载中首次出现涮和蘸的吃法，被看作涮火锅的起源。

游牧民族的涮火锅

宋朝时，北方的游牧民族契丹人也开始吃涮火锅了。在内蒙古赤峰市敖汉旗一座辽墓葬中，考古学家发现了一幅描绘契丹人吃涮火锅的壁画。画面中三个契丹人围坐在一口三足火锅旁，其中一人用手中的筷子在锅里涮肉。火锅前面摆着一张方形的桌子，桌子上有两个放调味料的容器，桌子一边是一个酒瓶，另一边是一个装满肉的容器。

这种吃法在元朝时被进一步发扬光大。相传，有一年冬天，元太祖忽必烈的军队即将出发，但忽必烈突然特别想吃羊肉。为了不耽误行军，聪明的厨师就把羊肉切成薄片，放在开水中烫熟，然后蘸上调味料呈给忽必烈吃。这种做法跟现在的涮羊肉火锅非常相似。直到今天，涮羊肉火锅依然是北方火锅的正统。

清朝的火锅盛宴

火锅在清朝非常流行，上至皇宫，下至民间，火锅都是老少咸宜的烹饪方式。清朝美食家袁枚说：“冬日宴客，惯用火锅。”在寒冷的冬天宴请宾客，没有比热腾腾的火锅更合适的了。

清乾隆六十年（1795 年），各地粮食丰收，冬季又降大雪。俗话说：“瑞雪兆丰年。”全国上下一派喜庆、祥和的气氛。这时，年逾八旬的乾隆皇帝宣布了一条喜讯：他将在来年春天举行“归政大典”，把皇位正式移交给皇太子，自己提前退休。

自古以来，皇位更替的过程常伴随着刀光剑影，像这样主动让位的举动非常少有，因此人们的称颂之声不绝于耳。有人建议举办一场隆重的千叟（sǒu）宴，请全国七十岁以上的老人赴宴，以示国泰民安，皇恩浩荡。“叟”就是年老的男性。“千叟宴”，顾名思义，就是很多老人参加的宴会。喜欢热闹的乾隆皇帝采纳了这个建议，举办了一场规模盛大的千叟宴，宴会上吃的就是火锅。

在这次千叟宴上，席位分为两个等级。一等席摆在大殿周边，王公、一品大臣、二品大臣及外国使臣在此入座。每张桌子摆放两个火锅，菜品有用于涮食的猪肉片、羊肉片各一盘，以及几盘烧制的鸡鸭鱼肉。二等席摆在殿外，低级官员在这里入座。每桌也有两个火锅，猪肉片、羊肉片各一盘，再加上一些其他肉食和小菜。这次千叟宴出席者有 5000 多人，共使用了 1550 多个火锅，是中国历史上规模最大的火锅盛宴。

乾隆皇帝本人非常爱吃火锅，不仅在皇宫时常吃，就连出门也不忘自带火锅。乾隆皇帝曾经七次下江南巡游，在尝遍江南美食之余，火锅依然是常备菜品。据记载，有一年乾隆皇帝一共吃了 200 多顿火锅。

其实火锅原本就是满族人常吃的主菜，而清朝历代皇帝始终保持着满族的饮食习惯。满族人的火锅食材广泛，羊肉、猪肉、山禽肉、野兽肉等皆可入锅，再加上酸菜、粉条等配菜，吃得人心满意足。

由于清朝皇帝都喜欢吃火锅，工匠们便在火锅的制作上用足了心思。在北京故宫博物院众多的文物里，我们就能看到火锅中的顶级奢侈品，例如寿桃瓷火锅、珐琅火锅、银火锅、粉彩火锅……个个都精彩绝妙。

北派火锅与南派火锅

人们习惯把全国各地的火锅按地域分为北派火锅和南派火锅。北派火锅以北京涮羊肉为代表，用清汤锅底，讲究肉质鲜美。南派火锅包括川系、云贵系、粤系、江浙系等。川系、云贵系火锅，即四川、重庆、云南、贵州一带流行的火锅，重在“麻辣”二字；广东、江苏、浙江等沿海地区流行的粤系、江浙系火锅，多以河鲜、海鲜为食材，重在一个“鲜”字。

一个地方流行什么样的火锅，与当地的气候、物产、文化有关。北方冬天天气寒冷，人们需要补充热量，用热腾腾的火锅涮肉吃再好不过了。北派火锅常用的羊肉、牛肉等食材也都是高热量的食物，有助于御寒。云贵川地区气候潮湿闷热，吃麻辣有助于祛除体内的湿气，所以流行吃麻辣火锅。而广东、江浙等地靠近河流、海洋，河鲜、海鲜等鲜味十足的食材随手可得，因此这些地区流行口味清淡的火锅，如果调味太过辛辣，反而会掩盖食材本身的鲜味。

北京涮羊肉

如果一位北京人说请你吃火锅，那多半是请你吃涮羊肉。因为在很多土生土长的北京人看来，只有涮羊肉才是最正宗的火锅，涮羊肉就是火锅的代名词。这种火锅用的是底下放着炭火的铜锅，吃的时候把薄如蝉翼的羊肉片放在沸腾的锅里快速涮熟，再蘸上用芝麻酱、韭菜花、腐乳汁调成的蘸料，这就是北京人眼里火锅的标准吃法。

北京涮羊肉主要有八种肉：羊上脑、羊三叉、羊里脊、羊磨裆、一头沉、黄瓜条、羊腱子和羊筋肉。这八种肉分别取自羊的不同部位，每种肉的口感都有所不同。例如，羊三叉是羊后腿上方的肉，口感肥嫩；黄瓜条是羊后腿内侧的肉，口感细嫩，一只羊最多出四两；羊腱子是羊带筋条的肌肉，口感脆嫩……讲究的北京人能精确分辨出不同部位的羊肉的细微差异。

正宗的北京涮羊肉必须用没有膻味的新鲜羊肉。羊肉要手工切成薄厚均匀的肉片，这对厨师的刀工是一大考验，学徒要经过多年训练才能达到这样的水平。

北京涮羊肉的底汤非常简单——一锅清汤，加上少许葱段、姜片即可，这样才不会影响羊肉本身的鲜味。

再来说说涮羊肉里蘸料的吃法。大部分人是把涮好的肉放进蘸料碗里蘸几下，然后送入口中。正宗的吃法不是这样的，而是用小勺挖起一勺蘸料浇在羊肉上，再将羊肉吃进嘴里。这有什么不同呢？用正宗吃法，碗里的蘸料就不会被羊肉上的油星和汤水稀释，可以从头到尾保持稳定的口味。

此外，涮羊肉时，涮的时间不能太长，标准做法是用筷子夹住薄薄的羊肉片，放入沸腾的清汤里涮两下立即夹出。这时肉片吸饱水分，肉质鲜嫩。将肉片蘸上蘸料，趁热大口吃下，别提多美味了。

在古代，涮羊肉可不是一般老百姓吃得起的，而是专属贵族的美食。新鲜羊肉本来就昂贵，芝麻酱也稀少，再加上涮羊肉对厨师的刀工要求比较高，所以在古代，只有身份高贵的人才能享用涮羊肉。而现在，涮羊肉已成为平民大众的日常美食了。

八生火锅

靠山吃山，靠水吃水。沿海地区的人们喜欢吃海鲜，他们把海鲜也加入火锅中，做成美味佳肴。

宋朝美食家林洪记载了涮火锅拨霞供，在他的老家福建，拨霞供演化成八生火锅。“八生”指的是鸡肫、鲜海蛎、鲜目鱼、生鱼、鲜虾等八种生鲜主料，再配上四种颜色的蔬菜。八生火锅的吃法同样是用清汤涮煮食材。

菊花八生火锅

杭州的火锅讲究一个“鲜”字。杭州湖泊众多、河网密布，所以杭州人常吃的“鲜”不是海鲜，而是河鲜。杭州火锅里最有名的是菊花八生火锅，据说源于宋朝。菊花八生火锅的汤底是用鸡、鸭、鱼肉熬成的高汤，吃的时候先将高汤烧开，再将白菊花瓣投入汤内，顿时菊香满室。接下来，就可以开始涮煮各种食材了。

据说，这种做法原本是宫廷秘方。清朝的慈禧太后晚年特别喜欢吃菊花八生火锅。每至深秋和初冬，御膳房都会采摘新鲜的白菊花为她制作这道菜品。

海鲜火锅

粤系海鲜火锅又有所不同。广东人喜欢吃的火锅食材有象拔蚌、龙虾、深海鱼片、鲍鱼等，讲究就地取材，以保证食材的新鲜。

粤系海鲜火锅的正确吃法是，用不含油星的高汤做汤底，先将各种海鲜依次倒入锅中，等海鲜吃完后，再倒入菌类和其他蔬菜。这样，不仅菌类和蔬菜会带上海鲜的鲜味，还不会影响海鲜本身的味道。

重庆火锅

以麻辣为特色的重庆火锅是火锅家族里最奇异的一种。一是“年纪轻”。说起来你可能不信，据考证，重庆火锅在 100 多年前才出现。二是影响大。别看它“出生晚”，但冲劲足。如今，重庆火锅几乎无人不知，无人不晓。

重庆火锅起源于重庆码头。重庆地处长江中上游，在过去，水路运输在重庆的交通中占主导地位，航运线是重庆人的“生命线”，因此重庆码头聚集了大批船工、纤夫等劳工。这些码头工人以卖苦力为生，吃不起大鱼大肉，想吃荤的也只能吃些动物内脏。为了掩盖内脏的腥味，码头工人们在煮毛肚、黄喉、鸭肠等动物内脏时，会加入大量辣椒和花椒。后来，这种码头美食逐渐演变成麻辣的重庆火锅。

重庆地区的人为什么如此喜爱吃麻辣火锅呢？这可能是因为重庆所处的四川盆地雨水多，天气潮湿。吃完麻辣火锅后浑身发热，可以祛除体内的湿气，有利于身体健康。

那么，为什么重庆火锅能够传遍全国呢？大概是因为麻、辣等重口味能刺激人的神经，让人口水直流，越吃越想吃。

- 小知识 -

古代的食具

原始社会时期，人类学会制作陶器后，就开始琢磨着要给自己做一件盛食物的容器。这种容器需要能尽量多地盛放食物，而且口必须足够大，可以让使用者方便地把食物拨拉进嘴里。但整个容器又不能太大，因为还得能用手端起来。

于是，原始社会的人们就发明了大口的皿。皿是一大类食具的统称，包括盂（yú）、盌（wǎn）、盘、盆等，它们的共同特点是口比较大，形状有点像现在的盆，而且都是用“皿”做偏旁。甲骨文中的“皿”十分形象，是一个上部开口圆，下底平，中间像皿的形状。

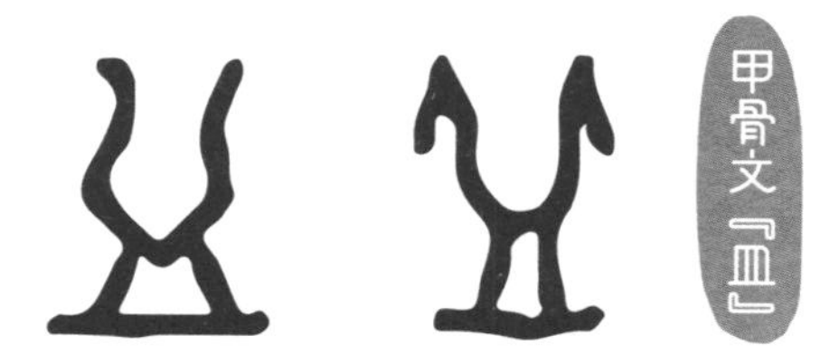

早期流行的食具是盂，《西游记》中唐僧手里拿的就是紫金钵盂。它的个头儿比较大，一般与簠（fǔ）、簋搭配使用。形状为方的是簠，圆的是簋。饭食熟了以后，古人会先把饭食盛到盂里面，然后再分盛到簠和簋中。

盌的形状和盂很像，但是小得多，所以《说文解字》里说：“盌，小盂也。”盌，后来叫“碗”。古人用的碗最早是用泥质陶制成的，表面比较细腻光滑，有些碗的表面还会涂抹生漆。

从汉朝开始，碗逐渐取代了簋和盂的地位。再后来，又出现了漆木碗、瓷碗、金银碗等不同材质的碗。我们现在最常见的瓷碗，是东汉时期才出现的。到了唐宋时期，有些碗不仅是吃饭的食具，还是精美绝伦的工艺品，碗的外形也变得多种多样了。

古人常用的食具还有敞口、外形扁浅的盘。盘有木头、瓷、金属等多种材质，既可以用来盛放食物，也可以用于沐浴、盥洗。古人盛饭、盛菜经常会用到盘。唐诗《悯农》中写道：“谁知盘中餐，粒粒皆辛苦。”可见，盘在当时是可以用来盛饭的。不过到了现代，盘主要用来盛菜。

② 烧烤

说起烧烤，它可不是现代才流行起来的，而是很早以前就出现的一种烹饪方式。有多早呢？比煮饭的煮、炒菜的炒、蒸馒头的蒸都要早，在人类会使用火之后，烧烤就成为一种重要的烹饪方式了。

你也许会问，那不就追溯到原始人那会儿了吗？没错，烧烤是人类最早使用的烹饪方式，甚至人类之所以有今天的模样，世界之所以有如今的面貌，与烧烤都有莫大的关系。

从茹毛饮血到烧烤

人类很早就开始用火烧烤食物了。不过，到底是谁发明了烧烤呢？这个问题已经无法考证。在中国神话传说中，人们把烧烤的发明归功于中华民族的人文始祖——伏羲。相传，伏羲教人们抓鱼、捕鸟，又取来天火，教人们把捕来的鱼、鸟等猎物烤熟了吃。因此，伏羲被尊称为“庖牺”，意思就是第一个厨师，也是第一个用火烤肉的人。

而当时的情况可能是什么样呢？让我们展开一番想象——

在几百万年前的一天，一道闪电从天而降击中树木，使树木燃起火苗。火苗越烧越旺，变成熊熊火焰。火焰借助着狂风席卷山谷，烧掉了树林中的一切。

一群原始人从山火中死里逃生，正当他们的肚子饿得咕咕叫时，从燃烧的树林里远远传来一股好闻的味道。可是他们非常怕火，不敢靠近树林。几天过后，山火熄灭了。一个原始人忍不住饥饿，跑回原先的树林，从灰烬中捡起一只被烧死的野兔吃起来，结果被那意想不到的美味震撼了。这种天降的美食不仅比生肉好吃，而且更容易保存。

肉不仅美味，还是促使原始人继续进化的关键。人类的大脑耗能非常大，人体每天摄入的能量很大一部分都被大脑消耗了，即使在人体安静不动时，大脑也在不停地消耗能量。换句话说，人体必须从食物中摄取足够的热量，才能维持大脑正常运转。而肉食正是高热量的食物，在肉食的支持下，原始人的脑容量越来越大，身高也越来越高。

于是，原始人逐渐比类人猿显示出更高的智慧。他们变聪明了，开始学会挖陷阱、造工具、排兵布阵围猎野兽。为了更有效率地捕猎，原始人选择有锋利边缘和尖角的石头作为捕猎工具。这样的石头在山野里能直接捡到的并不多，于是他们开始手工制作，用石头相互敲击，直到砸出想要的形状。经过相当长一段时间的演化，原始人从制作石片等简单工具，发展到能做出石斧等高级工具。在这些工具的帮助下，他们吃到肉食的机会更多了。

但是，如果不能利用火，吃肉大概也算不上什么享受，反而可能是个苦差事。因为生肉口感非常坚韧，而人类的牙齿和负责咀嚼的肌肉，跟大多数兽类相比实在太弱了。想象一下鳄鱼、老虎的血盆大口和尖牙利齿，它们拥有强大的咀嚼能力，能一口咬碎骨头，撕裂生肉。相比之下，人类的嘴巴只能算是樱桃小口，牙齿也不够锋利，咀嚼生肉是十分费力的。

相比于茹毛饮血，烧烤是人类饮食史上的一大进步。烧烤后的熟肉不仅容易嚼烂，人吃进胃里后还好消化。除了生肉，还有一些植物的块根、块茎在烧烤之后同样变得更容易消化，更富有营养。这对于我们的牙齿和消化系统来说，真是再好不过了。由于人类开始吃熟食，渐渐不再需要太长的肠道来消化食物。要知道，我们人类的心、肝、肾都和同等身材的哺乳动物差不多大，但肠和胃只有这些动物的 40%。

学会用火烤熟食物后，随之而来的问题是，火种怎么保存呢？人类的办法是——分工合作。在家的人负责给火堆添柴，防止火焰熄灭，同时操持家务，处理食材；外出打猎的人，将战利品带回来烤熟。烤好的食物要如何分配呢？于是大家共同推举出一位首领，由他来分配食物。自此人类开始围着火堆烧烤食物，最早的氏族部落诞生了。

可以说，在人类的发展史上，烧烤具有里程碑的意义，人类吃上了熟肉，大脑得以进一步发育，这正是高智慧人类出现的前提条件。

早期的烧烤

人类学会用火烧烤食物后，就进入到一个新的饮食时代——熟食时代。

最简单的烧烤方式就是把食物直接放到火上烤。用这种方式烤出来的肉，味道往往不怎么样，常常是外面烤煳了，里面还没熟。有没有更好的办法呢？新石器时代的人们发明了原始的烤盘——陶制烤箅。这种烤盘是一个陶制的圆盘，上面有许多小洞，使用时把陶盘架在火上，把肉放上去。因为隔着陶盘，加之人可以随时翻动肉，使肉均匀受热，这样肉就不容易被烤煳了。

对于坚果类以及薯芋类食物，可以用另一种烧烤方式：放在热炭灰中煨烤。这种烧烤方式也延续到了后世。例如，清朝时期，有人发现台湾的高山族会在地上挖个坑，在里面生起柴火，然后将芋头、红薯等埋在灰堆里，上面盖上土，利用柴火的余温将芋头、红薯等煨熟。

虽然谷物不适合烧烤，但是在没有锅等炊具的原始时期，人们还是想到了办法——用石板烧烤谷物。将谷物捣碎后放在烧热的石板上烤熟，或者将捣碎后的谷物渣加水捏成团，做成饼，然后放在石板上烙熟。这种方法叫“石燔（fán）法”，现在一些少数民族仍然会使用这种方式食用谷物。

说文解字：熏

熏，指的是让木柴等燃料燃烧时产生的烟气接触物体，使物体染上颜色或气味。小篆“熏”字的字形保留着人类最早的烧烤方式。它的字形就像是火星在烟雾里乱窜飞扬，里面的“黑”是火所熏出来的颜色。瞧，多么形象地展示了烧烤的情景呀！

先秦时期的烧烤

就像会用电饭锅煮饭并不等于会做饭一样，同理，会用火烤熟食物也不等于会烹饪。烧烤看似简单，里面可有大学问。食材的选择、火候的把握、烤制的手法……当人们开始总结这些方面的经验时，真正意义上的烹饪才算开始。

原始社会后期，中国人逐渐成为真正的烧烤高手。在夏商周时期，人们祭祀时常用烧烤的肉类作为祭品。在河南洛阳二里头遗址里，考古学家发现了不少烧焦的兽骨，其中以猪骨和牛骨居多。这些兽骨可能是人们占卜之后留下的，也可能是人们烧烤后丢弃的。

炮

先秦时期，人们烧烤时已经不是简单地把食物放到火上烤了。例如，在周天子才能享用的“八珍”里，有炮豚和炮羊两种食物。炮，就是一种烹饪方式，在古代指用泥巴包裹食物后烧烤。

炮豚、炮羊的制作过程相当复杂，有多道工序：将猪、羊宰杀后，先用竹席包圆，再在外面涂一层和了草的泥巴，用大火猛烤；烤好之后，将猪肉、羊肉表面的泥壳除去，把调制好的大米粉敷在肉的表面，然后将肉放入油锅里炸熟；随后，把炸好的猪肉、羊肉和作料一起放入一个小鼎里，再将小鼎放入大鼎，往大鼎里加水，煮上三天三夜。煮好后将肉取出，蘸着用醋与肉酱调成的汁吃。炮豚和炮羊的制作过程包含了炮、炸、煮三种方式，炮是最主要的一个步骤。

炮是先秦时期人们常用的烤肉方式。《诗经·小雅·瓠（hù）叶》中有“有兔斯首，炮之燔之，君子有酒，酌言献之”的诗句，描绘的就是古人边吃烤兔肉边喝酒的场景。

猪、羊、兔等体形较小的动物可以用炮的方式烧烤，那么体形较大的动物怎么烤呢？古代厨师也找到了解决办法：先将动物分解为小块，然后再烧烤。

庖丁解牛

战国时期，一个叫庖丁的厨师屠牛技艺非常高超。一次，他给梁惠王表演屠牛。根据多年的屠牛经验，他总结出一套分解牛肉的方法：牛的骨头粗大，用刀硬砍肯定费时费力，但骨节之间有缝隙，只要找准地方，将很薄的刀刃插入这些空隙，顺着骨头来切，便可以非常轻松地将一头硕大的牛分解成骨头和肉。梁惠王看后，不禁赞叹他的技艺之妙。

炙

先秦时期还出现了一个关于烧烤的专有名词——炙，意思是把肉放在火上烤。从“炙”的字形来看，就好像火上烤着一片肉。

炙跟炮有什么不同呢？炙，其实就是用钎（qiān）子一类的工具，把小块的肉一块块串起来，然后放在火上烤，再撒上调味料，跟我们现在的烤串儿很相似。

炙，也可以指烤熟的肉。炙的美味无人能挡，所以后来还出现了一个成语——脍炙人口，形容好文章像烤肉一样吸引人，人人称赞。

也许是因为炙实在太好吃了，让人一吃就停不下来，也顾不上吃相了，所以记载先秦时期礼仪制度的《礼记》中还专门对吃烤肉的礼节做出了规定：“毋嘬炙。”意思是吃烤肉时不要狼吞虎咽。

炙上有发

《韩非子》中有这么一个故事。

有一次，晋文公吃饭的时候，发现端上来的烤肉上有长长的毛发。晋文公大发雷霆，叫来厨师责问。聪明的厨师马上意识到这是有人要陷害他，心中顿时有了主意。

厨师不断磕头请罪，说他有三条死罪：第一条罪是他把厨刀磨得比剑还锋利，厨刀能切断肉，却不能切断毛发；第二条罪是他亲自拿木条穿肉块，却没看见上面的毛发；第三条罪是他用通红的炭火烤熟肉块，肉都烤熟了，但是毛发没有被烧掉。

听完厨师的话，晋文公也觉得不对劲，便命人查验，最后找到了背地里做手脚的小人，于是狠狠地处罚了那个家伙。

这位厨师所说的“三条罪”，从侧面为我们描绘出当时烤肉的三个步骤：以刀切肉，用木条穿肉，将肉放在通红的炭火上烤熟。

汉朝时期的烧烤

记录汉朝历史的笔记小说集《西京杂记》记载，汉高祖刘邦年轻时喜欢吃烧烤。他做泗水亭长时，有一次受命押送囚徒到骊山，友人为他饯行。在告别宴上，他们以烤鹿肝、烤牛肝下酒，刘邦酒足饭饱后高高兴兴告别而去。刘邦当上皇帝后，可能是怀念旧时光，经常让人烤这两样东西来吃。也许是因为皇帝爱吃烧烤，汉朝烧烤的普及达到了前所未有的程度，烧烤技术、烧烤器具都有了很大的进步。

陕西历史博物馆珍藏着一件西汉皇家器物——上林方炉。上林方炉分为两层，上面是炉身，底部有长条形的镂孔，主要用来放木炭。下面的底座是一个很浅的盘子，叫“承灰”，主要用来承接木炭的灰烬。用这种烤炉烧烤时，就不用担心灰烬掉得到处都是，在宴席上可以安心烧烤，这样的设计是不是很巧妙呢？

广州市西汉南越王墓出土过一套有趣的烧烤用具，它的原主人是第二代南越王赵昧。这套烧烤用具由青铜烤炉和配套的铁钎、铁叉构成，不仅造型精巧，而且非常实用。烤炉的四壁都安装有兽首衔环，人们可以用链子将烤炉提起来，方便自由搬运；炉子的底部稍微凹陷，方便放置炭火；炉子的边缘比四角低，这样烤串儿放得更稳；两边有一对方形扣，中间可以插入烤好的肉串儿；炉子底部还有四个轮轴，使炉子可以随意移动。人们猜测，这个烤炉应该是这样用的：厨师先在室外生好炭火，用烤炉烤肉串儿，等肉串儿烤得差不多了，再把烤炉移到室内。这样王公贵族们既可以免受烟熏之苦，又能吃上热乎的烤串儿。

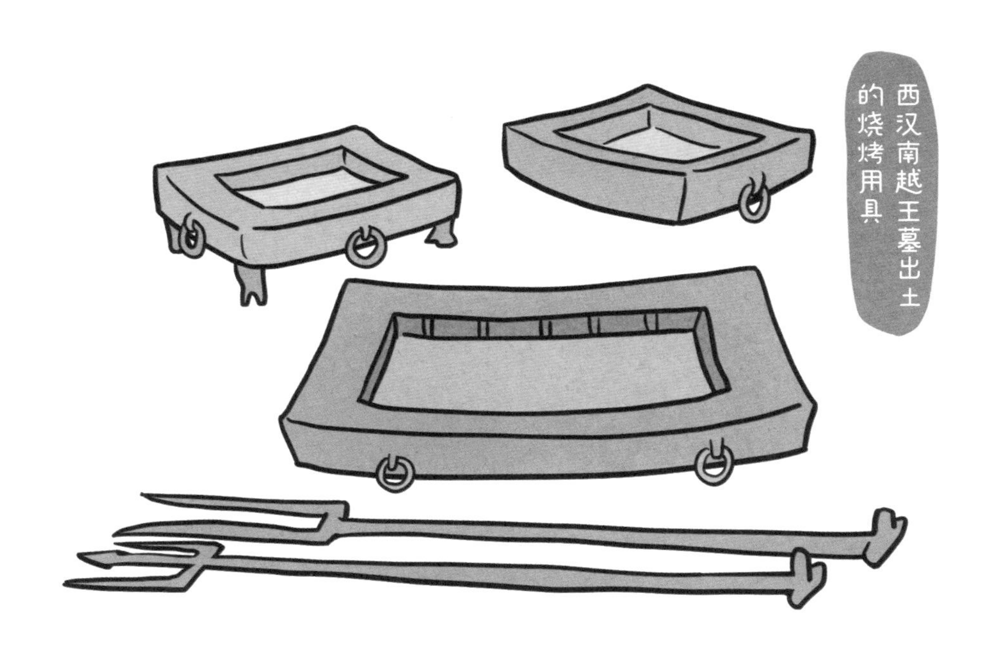

到了东汉，烧烤过程变得更细致了。山东省临沂市博物馆珍藏着一块东汉时期的《庖厨图》画像石，从中我们可以看到当时人们烧烤的全过程。

《庖厨图》的上部是悬挂着的烧烤食材，有龟、鱼、雁、鸟、兔等不同动物的腿肉。下方是厨房里忙碌的人们，有的宰羊切肉，有的分条分块，有的穿串儿入盘。其中有个人在扇风烤制：他跪在火炉前，一手拿着用钎子贯穿的肉串儿，一手拿着扇子扇火。大家分工细致，井井有条。

汉朝人可以说是无所不烤。考古学家在湖南长沙马王堆一号汉墓中出土了大量汉朝竹简，上面就记载着当时人们烧烤的肉类，包括牛、狗、猪、鹿等动物的肉，还分出了不同部位，如肋肉和肝。

这个时期，烧烤也变得更加美味了，一个重要的原因就是香料出现了。汉朝时张骞出使西域，开通了丝绸之路。在此之前，中国人烧烤时用的调味料以酱、盐为主，在此之后，胡椒、孜然、大蒜、香菜等香料自西域进入中国，使烧烤的滋味变得丰富起来。从此，香气四溢的烤串儿风靡西汉朝野，人们请客的席面上“燔炙满案”，放眼看去满是烤串儿。

《齐民要术》中的炙法

对于不同的肉类，要用不同的方法才能烤出最好的味道。北魏时期贾思勰在《齐民要术》中对此进行了总结，记载了炙豚、腩炙、灌肠等二十多种炙法。

例如，炙豚法适合烤小乳猪。做法是把处理好的乳猪穿在木棒上，然后架到火上边烤边刷油。这样烤好后的小乳猪表皮金黄酥脆，肉质白嫩如雪，肉汁饱满油润，令人垂涎欲滴。

腩炙法则适合烤羊、牛、獐、鹿的肉。做法是将肉切成小块，先用碎葱白、盐和酱油混合而成的汁把肉块腌一下，一小会儿后就把腌好的肉块用大火猛烤，同时快速翻转，保证肉块受热均匀，等肉色变白就烤好了。趁热食用，肉块口感滑润，香气四溢。

唐宋时期的烧烤

隋朝时期，人们已经注意到烧烤时不同的炭火、用料等烤出的食物的细微差别。例如，人们发现用“石炭、柴火、竹火、草火、麻荄火”烤出来的肉，香气是不一样的，吃起来味道也有差别。石炭也就是煤炭，煤炭燃烧起来没有明显的火焰，烤出来的肉外焦里嫩；柴火燃烧起来则会产生很多烟，烤出来的肉烟气较重。

到了唐朝，烧烤更是“豪”气冲天，骆驼等大型动物的肉也被用来烧烤，还流行起将整只动物烧烤的方式。边塞诗人岑参写过一首《酒泉太守席上醉后作》，其中有两句“浑炙犁牛烹野驼，交河美酒归叵罗”。诗句中提到的“浑炙犁牛”就是烤全牛；而“烹野驼”就是烤骆驼肉，做法是将驼峰切成薄片，佐以各种调味料烧烤。

炙手可热

“炙手可热”出自唐朝诗人杜甫《丽人行》中的诗句：“炙手可热势绝伦，慎莫近前丞相嗔。”诗句用刚烤熟的、热得烫手的肉，比喻当时的丞相杨国忠权势大、气焰盛，让人无法靠近。后来，“炙手可热”就被人们用来比喻权势很大，气焰很盛，使人不敢接近。

八百里分麾下炙

“八百里分麾下炙，五十弦翻塞外声。”这两句诗来自南宋豪放派词人辛弃疾的《破阵子》。但你知道“八百里”指的是什么吗？其实，“八百里”是一个典故，原指晋朝富豪王恺的牛——八百里驳，“八百里”指日行八百里，“驳”指骏马，“八百里驳”的意思就是这头牛像骏马一样善于奔驰。后来，“八百里”就成了牛的代名词。“八百里分麾下炙”描绘的是作战前将士们分吃烤牛肉的场景，刻画了战前准备的景象。

红羊枝杖

唐朝著名宴会“烧尾宴”上有一道“红羊枝杖”，可能就是现代烤全羊的前身，做法是将整只羊放在火上烤成红色。当时的人们认为，红色的烤全羊能消灾、避邪。

喜好美食的宋朝人发现了更多烤肉的乐趣。在宋朝宫廷中，光是烤羊肉就有烟熏、火烤、炭煨、石烹四大烧烤方法，按照不同食材的搭配细分下去，又能分出二十多种烧烤方法。但要说其中最受欢迎的，莫过于炭煨。先在地上挖一个坑洞，然后在里面支一口铁锅，再把涂满作料的腌制好的全羊放入其中，并在锅口处涂上泥土密封，然后用炭火将全羊煨熟，做法类似现在的叫花鸡。

宋朝重视商业，夜市也随之兴旺起来。烤肉不只出现在达官贵人的宴席上，还进入了寻常百姓的生活。宋朝夜市上有小店专门售卖现烤的“旋炙猪皮肉、野鸭肉、滴酥水晶鲙、煎夹子、猪脏”等，烧烤的食材之多，跟今天不相上下，当时的人把这种烤肉称为“杂嚼”。旋炙猪皮肉的做法是将猪皮肉放在炭火上烤制，烤出来的猪皮上挂有一丝丝肉，让人既能尝到美味的烤肉，又能嚼到油油的猪皮，所以很受欢迎。烤肉店生意红火，常常会营业到深夜。

不仅如此，宋朝的人们在家庭聚会时也常以烤肉为主菜。家人、好友围坐炉前饮酒、烤肉，这种宴会被称作“暖炉会”。

元明清时期的烧烤

到了游牧民族蒙古人建立的元朝，人们对烤肉的嗜好相比前朝有过之而无不及。元朝太医忽思慧编撰的《饮膳正要》中记载，元朝人烧烤的食材以羊、牛为主，马、驼、鹿、猪等也都成为烧烤食材。

记录明朝宫廷生活的《明宫史》中写道："凡遇雪，则暖室赏梅，吃炙羊肉。"意思是一到下雪天，人们就吃着烤羊肉赏梅，可见明朝宫廷里很流行在雪天吃烧烤。

满族人喜欢吃烤肉，入主中原后仍保持着传统的饮食习惯，清朝宫廷里就有专门从事烧烤的挂炉局。清朝著名的满汉全席中，烧烤类菜肴占比相当大，所以满汉全席又被称为"烧烤席"。

烤猪肉是满汉全席中的一道大菜，宴席上，客人们要分食烤猪肉，而且过程很隆重，具有很强的仪式感。记载清朝社会风俗的《清稗类钞》中提到，吃满汉全席时，一般酒过三巡后开始上烤猪肉。烤猪肉端上来后，先由仆人用小刀分割成小块，装在盘子里先给最尊贵的客人吃，再依次分给其他人吃。

烤鸭也是满汉全席里的必备菜肴。烤鸭的做法有两种。一是挂炉烤鸭，做法是把鸭子挂在炉子里用明火烤，然后不停翻动鸭子使其均匀受热。鸭子脂肪多，用明火烤鸭子，其脂肪会融化成高温的油脂，烤出来皮脆肉嫩。二是焖炉烤鸭，这种做法不用明火，等炉膛烧热后，将鸭子放进铁罩里，利用高温将其焖熟，这样鸭子不易烤焦。不过，用这种焖法做出来的鸭子脂肪没有释放出去，鸭肉会比较油腻，最好蘸酱吃。

清朝人似乎特别偏爱烤肉这种美味，满汉全席的菜单中还有挂炉山鸡、生烤狍肉、片皮乳猪、烤羊肉、御膳烤鸡、烤鱼扇、持炉珍珠鸡、烤鹿脯……吃法同烤鸭一样，配上葱段、蒜末、甜面酱，用面皮卷着吃。

清朝美食家袁枚也记载过烤乳猪的做法：将一个六七斤重的乳猪架在炭火上烤，等乳猪烤到深黄色时，将奶酥油慢慢涂上去，涂一遍，烤一遍，这样重复几次，直到将乳猪烤熟。最好的烤乳猪应是外皮酥脆，如果口感仅是脆而不酥，就差一些；如果肉硬得难以下咽，那就是太差了。

- 小知识 -

古人使用什么燃料？

古代的主要燃料是木柴。人类刚刚学会用火的时候，还不懂得加工燃料，不管是枯树枝还是草叶，只要能烧着，都拿来当柴火。后来人们发现，木头燃烧的时间更加持久，越粗的木头烧得越久，这种耐烧的柴火叫作“薪”。古代以砍柴为生的人，叫“樵夫”。

没有充分燃烧的柴火会变成木炭。木炭烧起来可比柴火好多了，不仅温度更高，还不会产生难闻的烟雾。所以木炭发明后，达官贵人们纷纷用上了木炭。唐朝诗人白居易写过一首《卖炭翁》，其中有“卖炭翁，伐薪烧炭南山中”的诗句，说明在那时已经有人专门烧木柴做炭来卖了。

煤炭是一种比木炭更好的燃料。中国是世界上最早烧煤炭的国家，早在东汉时，中国人就学会了用煤炭冶铁。到了北宋时期，煤炭进入人们的日常生活。宋朝医学家庄绰在《鸡肋编》中记载：“昔汴都数百万家，尽仰石炭，无一家然薪者。”意思是说，宋朝京城里数百万家用的都是煤炭，没有一家用木柴。

不过，不管是木炭还是煤炭，在古代价格都相当高，普通老百姓主要还是烧木柴。所以，在“柴米油盐酱醋茶”这开门七件事中，柴能排在第一位。

五味之酸

③

“酸”原本只是一种味道，如今这个字已经成为人们频繁使用的形容词之一，“寒酸”“心酸”“拈酸吃醋”……用来形容贫寒或表达悲痛、伤心的感情等。与之相比，“酸”的本义好像较少被人提到。我们常说的“酸、甜、苦、辣、咸”五味中，“酸”为什么能排在首位呢？大概是因为酸在中国饮食中的历史特别悠久吧。

酸梅：最早的调味料

很多果实在未成熟时味道很酸，成熟后就变得香甜可口了。梅子却是一个“奇葩”，它在成熟后依然很酸。我国是梅子的原产地，梅树遍布全国各地。早在新石器时代，人们就注意到了这种酸酸的果子。1979 年，考古人员在河南裴李岗遗址发现了梅核，距今已有 7000 余年。

除了直接食用，古人还喜欢用梅子做调味料。儒家“五经”之一的《尚书》中记载：“若作和羹，尔惟盐梅。”这句话是商王武丁任命贤臣傅说为相时，用来表明心意的一句话。意思是说，如果我做汤羹，你就是必不可少的盐和梅子。

古人通常把盐和梅子搭配起来，盐负责提供咸味，梅子负责提供酸味，它们都是当时烹饪中必不可少的调味料。后来，人们也用“盐梅”来形容国家不可缺少的人才。

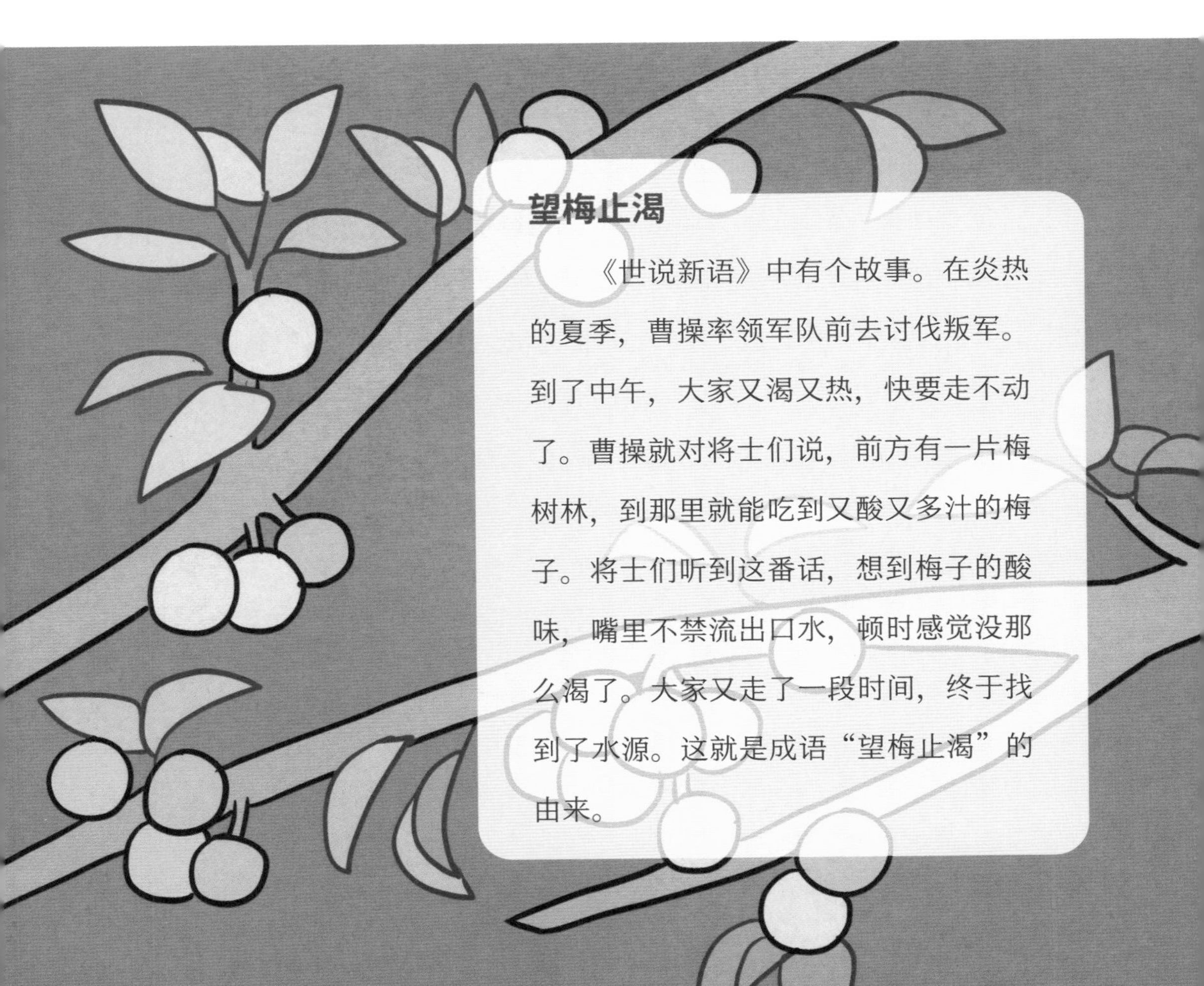

望梅止渴

《世说新语》中有个故事。在炎热的夏季，曹操率领军队前去讨伐叛军。到了中午，大家又渴又热，快要走不动了。曹操就对将士们说，前方有一片梅树林，到那里就能吃到又酸又多汁的梅子。将士们听到这番话，想到梅子的酸味，嘴里不禁流出口水，顿时感觉没那么渴了。大家又走了一段时间，终于找到了水源。这就是成语“望梅止渴”的由来。

古人为什么要用梅子调味？因为梅子除了能提供酸味外，还可以去除食物中的腥气，并且能让肉类更容易被煮烂。

在位于湖北的战国时期墓葬曾侯乙墓中，出土了诸多文物，其中有一个青铜材质的盘子，下面架着木炭，盘里有鲫鱼的残骸，很像我们现在的烤鱼。此外，考古学家还在盘子里发现了一颗梅核。专家认为，这是用于去腥、调味的梅子剩下来的梅核。

宋朝文学家苏轼所著的《物类相感志》中记载："煮猪肉，用白梅、阿魏煮，或用醋或用青盐同煮，则易烂。"其中的"白梅"就是一种梅子。这句话是说，将猪肉与白梅以及其他作料一起煮，更容易被煮烂。

白梅

梅子虽然好吃，可是每当梅子成熟时，人们都会有些苦恼。因为梅子很容易腐烂，而古人又没有先进的保鲜技术。于是，他们想出一种办法——干制，就是把梅子里面的水分晒干，做成耐储存的梅干、梅脯。

将梅子用盐腌制，晒干后表面会起一层盐霜，这种梅干叫"白梅"或"霜梅"。《齐民要术》中记载了制作白梅的方法：在梅子将熟未熟时摘下来，每天夜里用盐水浸泡，白天放在太阳底下晒干，这样连续十天，做出来的白梅就十分入味了。在古代，很多人家都用这种加工好的白梅做调味料。

梅子除了可以调味，还能用来下酒。《三国演义》中，曹操和刘备二人曾“青梅煮酒论英雄”。不少人以为“青梅煮酒”就是将青梅放入黄酒中一起煮。其实并不是这样的，“青梅煮酒”指的是温一壶黄酒，再配一碟酸溜溜的青梅。这种吃法很受古人的欢迎，特别是古代的文人墨客，最爱用青梅配酒。宋朝词人晏殊曾这样感慨：“青梅煮酒斗时新，天气欲残春。”苏轼也曾写下“不趁青梅尝煮酒，要看细雨熟黄梅”的诗句。

后世，梅子的加工方法越来越多，比如蜜渍、糖腌、烟熏等等。梅子可以制成梅子酱，还能制成话梅、青梅苏打水、酸梅汤等各种零食和饮料。虽然梅子作为调味料的功能逐渐被醋取代，但人们对它的喜爱从未减少。

醋：无心插柳柳成荫

用梅子调味只是一种古老的浪漫，很快梅子就被醋取代了。相传，醋的发明是“无心插柳柳成荫”。

夏朝时，有个叫杜康的人发明了酒。杜康年老后，他的儿子黑塔开始掌管酿酒之事。黑塔生性豪爽又喜欢喝酒。有一天，他和朋友聚会，喝得酩酊大醉，昏睡了整整三天。等他醒来时，酒缸里的谷物已经全部发酵过了头。黑塔打开酒缸，发现酒液已经变酸，但是酸中带甜，香气扑鼻，于是便把这种酸酸的液体命名为“醋”。虽然这个故事只是传说，但说明酒和醋其实是同根同源的“亲兄弟”，酒酿得过头了，就可能变成醋。

古代文献中，最早出现关于醋的记载是《周礼》，其中提到“醯（xī）人掌共五齐、七菹，凡醯物”。“醯”是醋，“醯人”就是掌管酿醋的人。说明在周朝时，人们已经掌握了酿醋的技术，并有了专门的管理人员。不过在很长一段时间里，只有贵族才能享用醋，因为酿醋需要大量粮食，在当时，老百姓连温饱问题都解决不了，自然没有多余的粮食来酿醋。因此，醋在当时成为身份和地位的象征。

《论语》中有一个关于醋的故事，主角叫微生高，原文是这样的：“孰谓微生高直？或乞醯焉，乞诸其邻而与之。”这段话的意思是，谁说微生高直率？有人向他借醋，他不直接说没有，而是暗地里去邻居家借，把借到的醋给人家。这说明醋在当时并不是随处可见的调味料，有些人家要想吃醋，还得想方设法地去借。

发酵

晒醋

到了唐朝，曾经地位尊贵的醋飞入了寻常百姓家，成为人们餐桌上的必备品之一。这时，“吃醋”有了新的含义。唐朝史书记载，唐太宗李世民为表示恩宠，要赐给宰相房玄龄几名美女，但房玄龄担心引起妻子不满，拒绝了皇帝的赐赏。于是，唐太宗给房夫人两个选择：同意房玄龄纳妾，或者喝下“毒酒”。房夫人果断将“毒酒”一饮而尽。其实，酒壶中装的不是毒酒，而是醋，唐太宗只是想借此试探一下房夫人的决心。他见对方如此果决，也就放弃了原先的想法。此后，“吃醋”就被用于形容产生嫉妒情绪。

宋朝时，醋已经被广泛用于烹饪，很多菜肴的主要调味料都是醋，比如枨（chéng）醋赤蟹、枨醋蚶（hān）、五辣醋羊生脍等。文学家陆游曾在诗中写道：“小著盐醯助滋味，微加姜桂发精神。”可见，醋在当时已经是和盐、姜、桂一样普遍的调味料了。介绍南宋都城临安城市风貌的《梦粱录》中记载：“盖人家每日不可阙者，柴米油盐酱醋茶。”可见醋在人们的日常生活中有着非常重要的地位，属于生活必需品之一。

明清时期，酿醋行业的发展进入鼎盛时期，醋的品种大大增加，不仅风味各异，而且各具特色。醋在人们的日常生活中极为普遍，明朝大才子唐伯虎晚年曾写过一首诗《除夕口占》：“柴米油盐酱醋茶，般般都在别人家。岁暮清闲无一事，竹堂寺里看梅花。”意思是家里非常清贫，柴米油盐酱醋茶样样都没有，自己唯有赏花娱情。

今天，随着社会经济水平的提高和工业化的推进，醋的品种更加丰富了，米醋、麦醋、白醋、果醋……让人眼花缭乱。醋不仅是调味品，还可以做成饮料，比如苹果汁酿的苹果醋。

酸溜溜的美食

贵州酸汤

要说全国哪个省最爱吃酸，一定不能忽略无酸不欢的贵州省。其实贵州人并不是天生就喜好酸食，他们的这种口味偏好是受环境影响而形成的。一方面，贵州省位于我国内陆地区，既不靠海，也没有盐矿。由于本地无法产盐，再加上地形崎岖，交通不便，导致外地运输过来的盐价格昂贵，老百姓买不起。少了盐，饭菜吃起来特别没滋没味。不过，劳动人民的智慧是无穷的，贵州人发现可以用酸味和辣味的食物代替盐。另一方面，贵州地区多山，气候比较潮湿，林间多瘴气，多吃酸味食物能祛除体内的湿气。

如今，酸已经成为贵州家常菜中不可或缺的味道。当地有句谚语：“三天不吃酸，走路打窜窜。”意思是说，人要是连续三天不吃酸味的食物，走路都会走不稳。

在贵州的酸味美食中，酸汤绝对是第一名。早期的酸汤是人们用剩菜制成的，做法也特别简单：把剩菜倒进罐子里用小火加热，让剩菜不至于沸腾，然后晾凉使其发酵，过几天酸汤就做成了。不过，这样制作的酸汤卫生不达标，吃了容易食物中毒。后来，经过人们的不断探索、创新，现在的酸汤已经是用新鲜食材精心发酵而成的了。

酸汤主要分为红酸汤、白酸汤、虾酸汤、盐酸汤等，其中红酸汤和白酸汤最常见。红酸汤是用西红柿做的，味道醇厚，清香扑鼻。不过，制作红酸汤的西红柿可不是我们在菜市场里常见的那种西红柿，而是当地特有的野生西红柿——毛辣果。如果直接用毛辣果来煮汤，味道苦涩得堪比喝中药，贵州人把它拿来发酵，使其口感焕然一新。白酸汤是用米汤做的，味道清爽、鲜美。制作白酸汤要用浓稠适宜的米汤，而且最好用老汤作为引子。老汤就是事先发酵过的米汤，它和新鲜的米汤一起放在罐子里发酵，就做成白酸汤了。据说，做白酸汤的老汤还是当地女孩子的嫁妆之一。离了老汤，做出来的白酸汤味道可就不正宗了。

在贵州，几乎任何食材都可以用酸汤煮，鱼、牛肉、羊肉、排骨、豆腐、粉、馄饨……似乎只有你想不到，没有他们用酸汤煮不了的食材。

酸梅汤

酸梅汤，因多用乌梅制成，又称“乌梅汤”。它以浓郁的香气、酸甜的口感，成为上好的夏日饮品。酸梅汤历史悠久，古籍中曾记载一种叫“土贡梅煎”的饮品，即土家族进贡的梅汤，是现代酸梅汤的“老祖宗”。宋末元初文学家周密所著的杂史《武林旧事》中提到的“卤梅水”，也是酸梅汤的前身。

不过，酸梅汤真正风行起来，还要到明清时期。清朝文人郝懿行的《都门竹枝词》中有诗句说：“铜碗声声街里唤，一瓯（ōu）冰水和梅汤。”描绘的是炎炎夏日，大街小巷里卖酸梅汤的摊贩敲击着铜碗，声声吆喝的场景。《红楼梦》里集万千宠爱于一身的贾宝玉，在挨了父亲的一顿毒打后，也嚷着要喝酸梅汤。可见酸梅汤有多么受欢迎！

清朝乾隆皇帝也是资深的酸梅汤爱好者，茶前饭后都要喝酸梅汤。为了满足皇帝的喜好，御膳房的大厨们挖空心思，研制出一种酸梅汤做法：将乌梅泡发，加入冰糖、蜂蜜、桂花一起煮，煮好后再用冰块冰镇，一碗清甜消暑的酸梅汤就做好了。这个做法从宫廷流传到民间，受到老百姓的欢迎，被誉为“清宫异宝御制乌梅汤”。

如今，酸梅汤依然是不少人的心头好。夏天，喝一碗清凉爽口的酸梅汤，依旧是消暑解腻的好方法。

冰糖葫芦

一到冬天，“冰糖葫芦！冰糖葫芦！”的吆喝声就会在大街小巷响起。冰糖葫芦是我国的一种传统小吃，不仅看起来晶莹剔透，尝起来酸甜可口，价格也很便宜。

冰糖葫芦的做法是，将山楂去掉核，用一根竹签穿起来，放到熬好的热糖稀里滚一下，给山楂裹上一层透明的糖稀。待冷却后，冰糖葫芦就做好了。除了山楂，也可以用其他水果或干果做冰糖葫芦。

制作冰糖葫芦的关键在于熬糖稀。将冰糖放在红铜或黄铜的大勺里加热，熬的时候要注意火候，火候小了，熬出来的糖稀容易发黏，吃到嘴里粘牙；火候太大，熬出来的糖稀颜色重，而且吃起来发苦。另外，还要注意把握糖稀的黏稠度，稠了，山楂蘸不起来；稀了，又不容易被山楂挂住。

冰糖葫芦在清朝就出现了，记录清朝北京风俗的《燕京岁时记》中就写到了冰糖葫芦:“冰糖葫芦，乃用竹签，贯以山里红、海棠果、葡萄、麻山药、核桃仁、豆沙等，蘸以冰糖，甜脆而凉。”“山里红”就是山楂。从这段记载中可以看出，清朝冰糖葫芦的做法跟现在基本是一样的。

直到今天，物美价廉的冰糖葫芦仍然是孩子们热爱的小吃，而且种类越来越多，甚至还出现了夹馅的冰糖葫芦，比如蜜桃馅、豆沙馅、枣泥馅等。

- 小知识 -

古代的饭馆

从商周时期开始，社会上就出现售卖饮食的商贩了。古籍《尉缭子》中记载，周朝的开国功臣姜太公曾“卖食盟津”，也就是在盟津这个地方贩卖食物。汉朝文学家司马相如和妻子卓文君穷困的时候，也曾开酒肆谋生，妻子卓文君更是“当垆卖酒”，即在街边卖酒。

在古代，售卖饮食的店铺被称为“食肆”。隋唐时期，我国和西域各国之间商业交流活动频繁，带动了食肆的兴旺。这一时期的食肆不仅数量多，而且经营规模大，有的食肆能同时招待三五百位客人。

到了宋朝，食肆更是数不胜数，其中规模大的称为“正店”，类似现在的大酒店。除了大型食肆，当时社会上还有很多小店和摊贩，称为“脚店”。记载北宋都城开封风土人情的《东京梦华录》中写道：“在京正店七十二户，此外不能遍数，其余皆谓之脚店。”意思是说，当时开封有七十二家正店，另外还有数不清的脚店。

宋朝食肆的经营方式也与现在很相似。客人落座后，店员手持纸笔，记录客人点的各类菜品和口味，然后报给厨师。不一会儿，店员就会端着菜品，按照顺序送到客人面前。有的店员甚至能一下子端二十多碗，碗一直从手臂放到肩膀。

④ 五味之甜

甜，是一种令人愉悦的味道，会让人产生幸福的感觉。我们喜欢的甜味，主要来自一大类统称为“糖”的东西。水果里面的糖分叫“果糖”；牛奶里面的糖分叫“乳糖”；小麦、稻米、粟等粮食中含有大量淀粉，淀粉可以在人体内被分解成葡萄糖。

不管什么糖，都让全世界的人类为之着迷。而古人对甜食的喜爱丝毫不比我们差，因为甜甜的糖能便捷地给人体提供能量，让人吃完就能有力气。原始社会时期，人类获取热量的来源极度单一，糖就显得更加珍贵了。因此很早以前，人类就在基因里刻下了对甜食的喜爱。

蜂蜜：大自然的恩赐

在古代，无论是在中国还是在外国，蜂蜜都是一种非常珍稀的天然食品。蜂蜜在很长一段时间里都是人们获取甜味的主要来源。蜂蜜的含糖量非常高，古人一般会加水做成蜂蜜水饮用，这也是蜂蜜最早的食用方式。

蜂蜜是蜜蜂酿造的，自从人类发现了蜂蜜，蜜蜂家族的“劫难”就到来了。古人在树洞、岩穴中寻找到蜂巢后，就放火熏走蜂群，收集蜂巢里的蜂蜜。

东汉以前，人们大多采集野生的蜂蜜，取自山崖上的叫“崖蜜”，取自树上的叫“木蜜”，取自石洞中的叫“石蜜”。成群的蜜蜂太凶猛，人们要获取蜂巢很难，蜂蜜的产量一直有限。因此，蜂蜜成为古代一种非常珍贵的礼物，国君之间会互赠蜂蜜以示珍重。我国自古以来就重视孝道，珍贵的蜂蜜要先给长辈们吃，例如《礼记·内则》中记载：“子事父母……枣、栗、饴、蜜以甘之。”

到了东汉年间，一个叫姜岐的人发明了人工养殖蜜蜂的方法。他用木桶、泥洞模仿蜜蜂在野外的生存环境，使蜂蜜在其中筑巢，然后每年从蜂巢里取蜂蜜。

这种养蜂方法使得人们能够稳定地获取蜂蜜，姜岐也被称为“中华养蜂始祖”。后来，这种方法逐渐推广到全国，蜂蜜的产量稳步增长，人们总算有足够的蜂蜜来开发新食品了。

蜜饯

蜂蜜具有防腐的功效，后来人们利用蜂蜜的这一特点，发明了我们熟悉的蜜饯。

古时候交通不便，水果很难长途运输，人们要想吃到全国各地的水果，不仅要花费大量的钱财，还未必能吃到新鲜的。而水果用蜂蜜腌渍之后，能储藏很久而不会腐败。有的水果本身味道不太好，如山楂，直接吃比较酸，但经过蜂蜜腌渍后，就能变得酸中蕴甜，开胃又健脾。

我们熟悉的北宋大文豪苏轼是资深的蜜饯爱好者。苏轼写过这样的诗句："糖霜不待蜀客寄，荔支莫信闽人夸。恣倾白蜜收五棱，细劚（zhú）黄土栽三桠。""五棱"就是阳桃，因为其横切面是五角星形状而得名。阳桃的味道酸，所以人们将它制成了蜜饯。苏轼尝过阳桃蜜饯后，认为它的味道非常好，因此特地作诗来称赞它的美味。

南宋大诗人陆游在他的《老学庵笔记》中，记载了一则苏轼嗜好蜂蜜的轶事：苏轼去别人家做客，这家的主人爱吃蜜渍的食物，其他客人都觉得太甜吃不下去，只有苏轼可以跟主人吃到一块儿去。

饴：古老的甜蜜

饴是大麦、小麦、粟或玉米等粮食经糖化发酵而成的一种甜食。饴黏稠如胶，又称“胶饴”，凝结成块状的叫“饧（táng）”。现在的饴一般是用大麦的麦芽制作的，所以又叫“麦芽糖”。它是我国最早人工制成的甜食。

《诗经》中的《大雅·绵》就提到了饴：“周原膴（wǔ）膴，堇荼如饴。”意思是说，周原这片沃土上生长的每一种野菜都香甜得像饴。这说明当时的人们已经会制作饴了。到了北魏，著名农学家贾思勰在《齐民要术》里详细记载了饴的制作方法。书中所记的做法一直延续到了现在，说明当时的工艺水平已经相当成熟了。

由于天然蜂蜜价格较高，在成熟的蔗糖做法诞生之前，饴、饧一直是古人最主要的甜味调味料，熬甜粥、做糕点都离不开它们。在传统节日里，饴和饧的身影也时常出现。比如在寒食节，人们经常吃饧粥，就是加入了饧的粥。在农历腊月二十三，也就是小年这天，民间有用饴把灶王爷的嘴巴粘上，防止他到天上说坏话的习俗。俗语说：“二十三，糖瓜粘。”其中的“糖瓜”，指的就是饴。

龙须酥

麦芽糖可以拉出很长的细丝，人们利用它的这个特性制作出了龙须酥。做法是先将麦芽糖放入小盆里隔水加热，等麦芽糖化开变得柔软后，将其拿出来，放在案板上反复揉搓，并在此过程中不断加入糯米粉。之后，重复拉扯麦芽糖，直到麦芽糖被拉成丝状。最后，将花生、果仁混合着芝麻一起裹入刚拉扯好的糖丝里，便做成了丝丝分明、雪白饱满的龙须酥。

龙须酥凭借着洁白如雪、细腻如丝的外表以及甜蜜的味道，俘获了人们的味蕾。吃一口刚制作好的龙须酥，麦芽糖混合着果仁和干果的香气在口中蔓延开来，糖丝入口即化，口感妙不可言。

龙须酥以前叫“银丝糖”。相传，中国古代的一位皇帝在民间游历时，发现了这种外形如丝、味道甜美的甜食。因为它的口感十分特别，皇帝便下旨将其带回宫中，并改名“龙须酥”。

甘蔗和甜菜：制糖的原料

甘蔗

甘蔗含糖量很高，早在战国时期，古人就已经懂得从甘蔗中获取甜味了。生啃甘蔗虽然能尝个新鲜，但并非老少咸宜，因为甘蔗很硬，如果牙齿不好，吃起来就很费劲。后来，古人逐渐掌握了用甘蔗榨汁的技术。楚国诗人屈原在《楚辞•招魂》中提到："胹（ér）鳖炮羔，有柘（zhè）浆些。""柘"即甘蔗，"柘浆"就是甘蔗汁。

甘蔗汁可以用来制糖。我国中原地区的甘蔗制糖技术是从域外传入的。东汉时，张衡在《七辩》中记载："沙饧石蜜，远国贡储。"意思是说，外国使者进贡了两种用甘蔗制成的糖，分别是沙饧和石蜜。沙饧就是现在的红砂糖，因为质地像沙子而得名。石蜜则是甘蔗汁加牛乳、面粉等制成的白乳糖。在古代，这两种蔗糖都非常珍贵，深受人们喜爱。

后来，唐太宗李世民也被印度进贡的石蜜"俘虏"了。为了满足大唐对糖的需求，他派遣使团访问南亚的摩揭陀国（印度古国），学习制作石蜜的方法，最终学会了"熬糖法"。在他之后，他的儿子唐高宗李治继续派人前去学习，将更先进的红砂糖制作方法引入了中国。

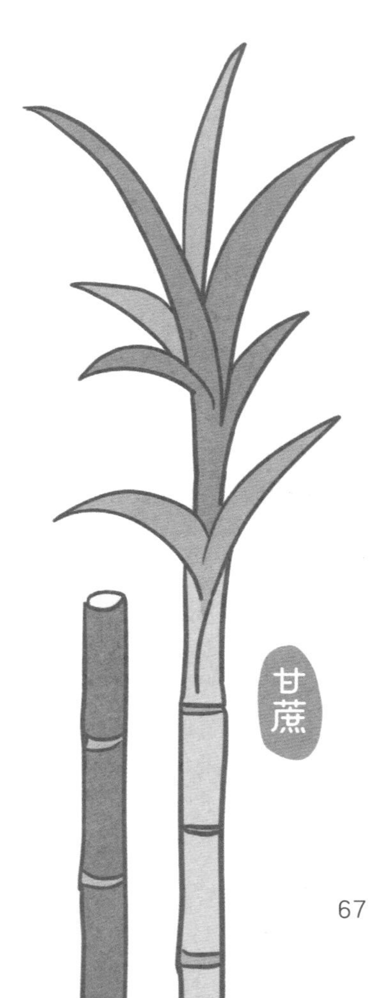

制作红砂糖的关键是“竹甑漉（lù）水”，就是把甘蔗汁熬成的糖浆放入樟木槽中，利用糖浆自身的重量使里面的成分分离。这个过程叫“分蜜”，不能结晶的糖蜜析出，余下的糖浆就会结晶为红褐色的砂糖。

到了宋朝，蔗糖产业迅猛发展，产区已经扩大到南方各省。

红砂糖进一步加工可以做出白砂糖。我们爱吃的冰糖、棉花糖、棒棒糖都是用白砂糖加工出来的，许多糕点的制作也离不开白砂糖。不过，白砂糖是到明朝时才出现的，其制作要用到一种叫“黄泥水淋法”的方法：把红砂糖浆放入漏斗里凝结成块，再把黄泥水浇入漏斗中。黄泥水与红砂糖产生反应，就能脱去红砂糖里的杂质，产出洁白无瑕的白砂糖。明朝时白砂糖产量很高，成为明朝向海外出口的大宗商品，远销欧亚诸国。

甜菜

除了甘蔗，现代制糖还常用甜菜。

甜菜又名“忝菜”“红菜头”，原产欧洲地中海周边地区。甜菜被引入我国的时间已不可考证，有人认为，甜菜大约在汉魏时期从西域传

入我国。不过，甜菜在我国古代一直被当作药材使用，基本没有作为食品的相关记载。直到 1906 年，俄罗斯人率先在中国东北种植甜菜，甜菜才开始真正发挥它的作用。1908 年，中国建立了第一座机制甜菜糖厂。此后，甜菜在我国北方地区逐渐被大规模种植，成为我国北方重要的糖料作物之一。

糖人

有一种甜食叫“糖人”，是用糖稀做成的小人或动物。糖人看上去惟妙惟肖，有的小朋友拿到糖人后，甚至舍不得吃掉。

民间传说，糖人的发明者是明朝开国功臣刘伯温。他为了躲避追杀，在民间以挑担卖糖为生。他把糖加热变软后，吹成各种人物、动物的形状，没想到非常受欢迎。后来生意越来越好，他干脆收徒传艺。从那以后，就有了专门做糖人的小贩。

当然，这只是民间传说，不足为信。实际上，明朝本来就有用糖稀捏成各种人物及动物来祭祀神灵的习俗。

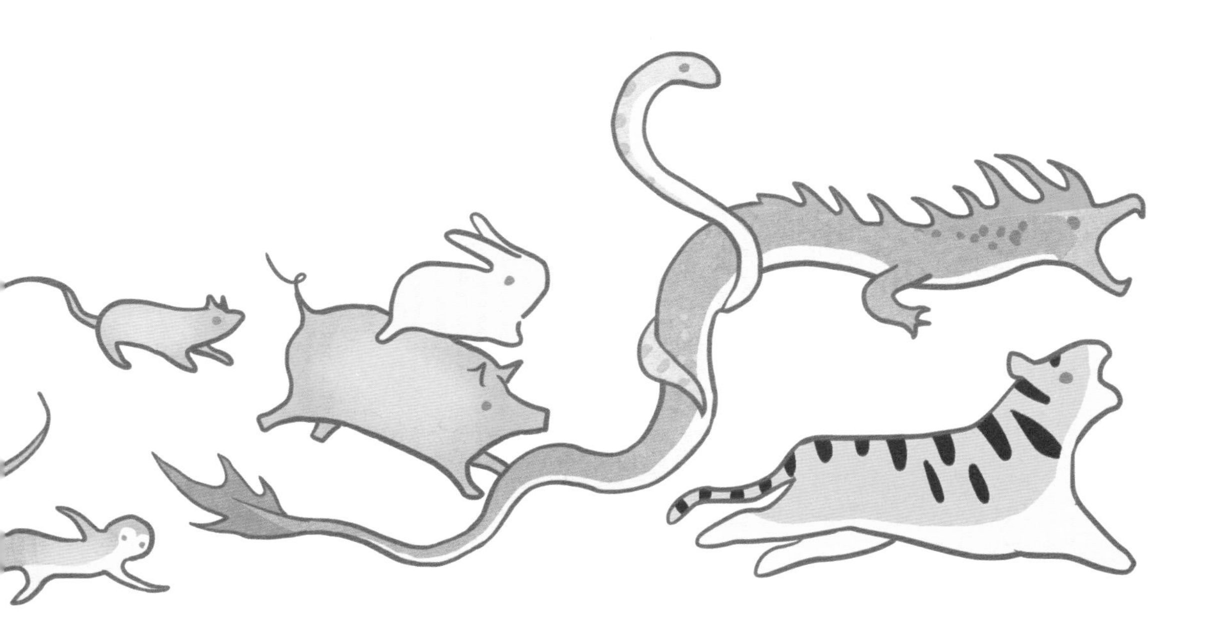

清朝笔记小说集《坚瓠集》中说，用糖稀做成的文武大臣就像真的文武大臣一样，十分逼真，所以被人戏称为“糖丞相”。后来这种手艺进一步发展，手艺高超的匠人除了可以用糖稀做出平面的惟妙惟肖的人物或动物，还会吹出立体的糖人。

- 小知识 -

古代的口香糖

现代口香糖是美国人亚当斯在1869年发明的。不过你知道吗？其实我国古代也有用来清新口气的食物，可以说是古代版口香糖。

东汉时有位叫刁存的大臣，岁数大了以后有点口臭。有一次，他向皇帝奏事时，皇帝被他的口臭熏得实在受不了，就送给他一些鸡舌香，让他含在嘴里，因为鸡舌香可以让口气芬芳。记载两汉典章制度的《汉官仪》中还规定，郎官奏事的时候必须口含鸡舌香。

鸡舌香也叫“丁香”，因为长得像钉子而得名，是一种产自东南亚热带地区的香料。鸡舌香和花椒、胡椒等香料一样，有种特殊的辛香，可以用来炖鱼、炖猪肉，能够给食物增香。如果把鸡舌香含在嘴里，不一会儿口气也会变得辛香，所以古人用它来充当口香糖。

⑤ 五味之苦

五味之中，最不受人们欢迎的，恐怕就是苦。就连带有“苦”这个字的词语，也往往用来形容伤心和不幸，如“痛苦”“吃苦”等。

为什么大部分人都不喜欢苦味呢？这要追溯到几百万年前，我们的祖先在野外觅食时，经常会吃到含有毒生物碱的植物。久而久之，人体就进化出了分辨这些有毒植物的本领，一旦接触到有毒生物碱，味蕾就会产生苦的感觉，从而引起警惕。这种本领非常强大，可以让我们避免误食许多有毒的植物。因此，对苦味的抗拒也就留在了人类的基因里。

不过，不受欢迎的苦味食材，也可以做出不少美食呢！

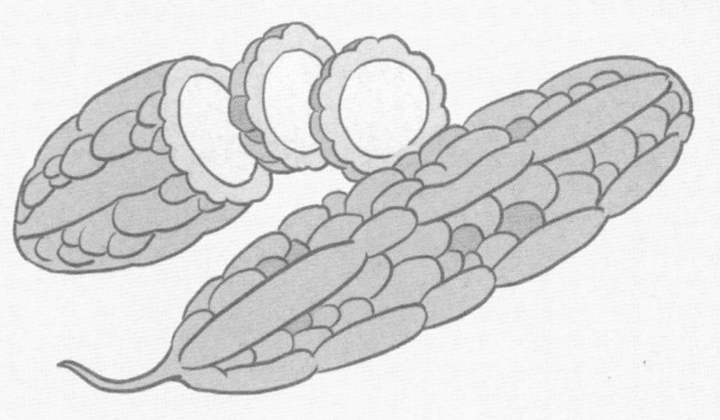

苦味的食物

苦菜

《邶风·谷风》中说："谁谓荼苦，其甘如荠。"这里的"荼"指的是苦菜，也叫"苦苣菜"，茎和叶被掐断后会流出黏黏的白色汁液。苦菜没有毒，但吃起来有一股苦涩味。不过当时蔬菜品种很少，能有苦菜吃就不错了。到了汉朝，苦菜仍然还在人们的餐桌上。长沙马王堆汉墓出土的简策上就有"牛苦羹一鼎"和"狗苦羹一鼎"的记载，"牛苦羹"和"狗苦羹"就是古人用牛肉或狗肉与苦菜一起做成的羹。直到现在，我们还能吃到凉拌苦菜。

除了苦菜之外，很多野菜吃起来都有苦涩味，如蒲公英、野豌豆叶、野蔓菁等。上古时期，它们都曾是餐桌上的一员，后来人们能吃到的蔬菜品种越来越多，这些苦味的野菜便渐渐被抛弃了。

苦笋

苦笋是苦竹的笋，带有浓烈的苦味。不过，在爱吃苦味的人眼里，它却堪称美味佳肴。北宋文学家黄庭坚专门写了一篇《苦笋赋》来夸赞它："甘脆惬当，小苦而及成味；温润缜密，多啖而不疾人。"或许，"苦尽甘来"也是一种难得的美食体验吧。

苦瓜

苦瓜原产于印度等地，原本只是用来做观赏植物。明朝中期，郑和下西洋，把一些苦瓜种子带回了中国。没想到，苦瓜在中国生根结果后，别样的苦味竟然激发了人们的食欲，成为餐桌上的美食。

清朝医学家王孟英在《随息居饮食谱》中写道：“苦瓜清则苦寒，涤热、明目、清心，可酱可腌。”他认为苦瓜不但可以吃，还有一定的药用价值。现代科学研究表明，苦瓜中含有苦瓜皂苷（gān），有降血糖的功效，适合血糖较高的人群食用。除了王孟英说的酱制和腌制外，炒苦瓜也很好吃。

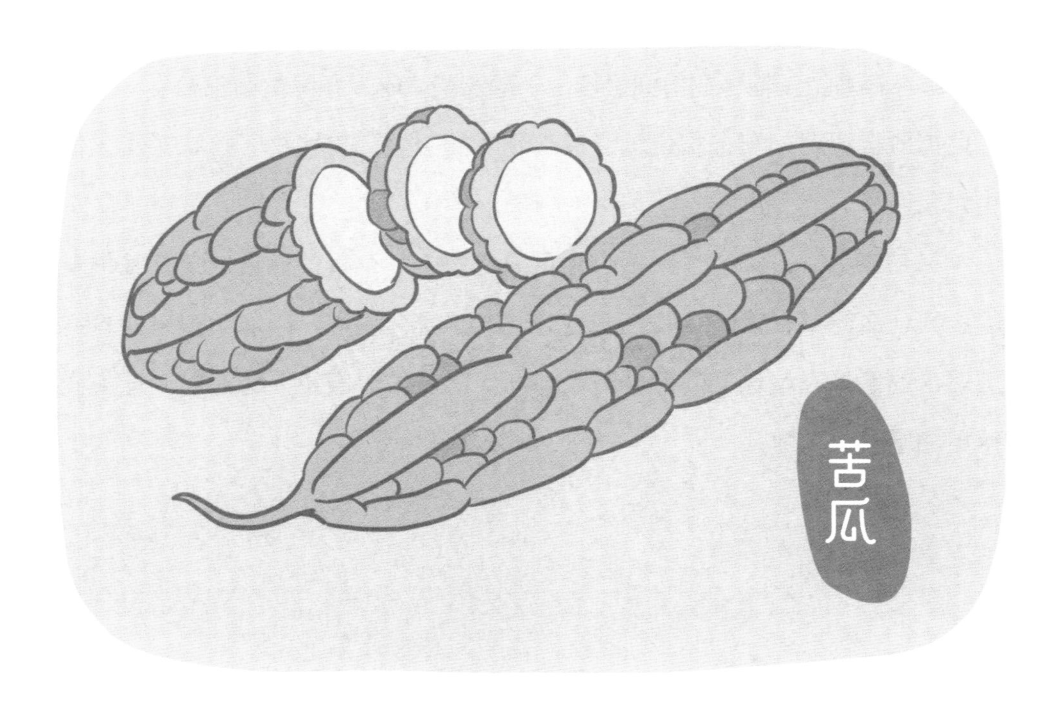

“吃苦”的精神内涵

一般情况下，人们都会尽量避开苦味的食物。但你知道吗？竟然有人会主动去“吃苦”。

春秋末期，南方地区两个相邻的国家——吴国和越国之间爆发了战争。越国大败，越王勾践只好出城投降。吴王夫差为了羞辱他，让他给自己做奴隶。每次要出行的时候，勾践都要卑躬屈膝地给夫差牵马，甚至让夫差踩在自己身上骑上马背。

几年后，勾践被放回越国，他暗暗下定决心，一定要亲手夺回自己失去的一切！他刻意磨炼自己的意志，一点肉都不吃，华贵的衣服一概不穿，晚上睡在稻草上。他还在房间里挂了一颗苦胆，吃饭和睡觉前都要尝一下，以此提醒自己时刻牢记报仇。经过十几年的努力，勾践终于打败了吴国，也为我们留下了“卧薪尝胆”这个成语。

有句老话说：“嚼得菜根，则百事可做。”菜根的味道很苦，又很难嚼，为什么吃菜根就什么事都能做到呢？其实，人们是用嚼菜根来比喻经历艰苦的磨炼，就像“卧薪尝胆”一样，吃苦可以磨炼人的意志，让人变得更加坚强、勇敢。

- 小知识 -

为什么药物那么苦？

每当生病的时候，小朋友们最害怕的事情，除了打针就是吃药了。打针那么疼，吃药又那么苦，哪个都不好受。为什么药物要做得那么苦呢？

药物能治疗人体的疾病，靠的是其中的有效成分。很多药物的有效成分都带有强烈的苦味，比如说黄连这种中药，它的有效成分就是苦味的小檗（bò）碱和黄连碱。这两种物质让黄连吃起来很苦，所以才有了“哑巴吃黄连，有苦说不出”的俗语。为了让病人不那么抗拒吃药，有些药物外面贴心地包裹了一层糖衣。不过吃这种药，要趁着糖衣还没溶化前立马吞下，不然等糖衣融化了，里面苦味的部分就又露出来了。

有些现代药物，包含的有效成分只有几毫克，为了让有效成分在人体内缓慢释放，人们会往药物里加入很多淀粉做成的填充剂。因为淀粉是白色的，所以做成的药物也是白色的。既然淀粉没有味道，为什么这些药物吃起来还是苦的呢？这是因为人们在制造它们的时候专门加入了苦味剂，目的是防止小朋友们不小心误吃药物。

不过，也不是所有的药物都是苦的。有一些专门给小朋友们设计的药物，比如说用来驱蛔虫的“宝塔糖”，里面就加了不少糖，把药物本来的味道盖住了，所以吃起来甜丝丝的。

⑥

你有没有发觉，现在人们越来越喜欢吃辣了？环顾大街上的餐馆，以麻辣著称的川菜馆随处可见，重庆火锅四处飘香，冒菜、麻辣烫、烧烤等辛辣的食物更是比比皆是。

说起辣，我们首先想到的肯定是辣椒。不过，你可能不知道，辣椒其实很晚才进入中国。在辣椒到来之前，中国人要想吃辣，主要靠花椒、姜和茱萸这三员“大将”，民间把它们称为辛辣“三香”。后来，胡椒、辣椒等辛辣调味料相继被带到了中国，才形成了今天辣椒、胡椒、姜“三足鼎立”的格局。

辛辣“三香”

花椒

在中国古代，人们说的“椒”多半不是指辣椒，而是花椒。花椒树的树干、树枝、树叶都有着浓郁的辛香味，结出的小果实——花椒，更是深受古人喜爱的调味料。

花椒树枝繁叶茂，结出的花椒密密麻麻，成熟后散发出迷人的香气，因此古人认为花椒是一种非常吉祥的植物。从西周时期开始，花椒就常常被用于祭祀。《闵予小子之什·载芟》中说：“有椒其馨，胡考之宁。”说的是周王在秋收后，给神灵献上芳香的花椒酒，为老人祈福。

用花椒祭祀、祈福的习俗一直延续到了战国时期，屈原在诗歌《离骚》中写道：“巫咸将夕降兮，怀椒糈（xǔ）而要之。”这句诗的意思是，巫咸神将于今晚降临，我准备了花椒饭来迎接他。而在另一首诗歌《九歌》中，他还提到了“椒浆”，这是一种用于祭祀的花椒酒。直到汉朝，花椒酒仍然流行于荆楚一带。

汉朝时，皇宫内建有用花椒泥涂墙壁的椒房，专门给皇后和受宠爱的妃子居住。于是花椒也跟美人联系起来，汉朝的《淮南子》以及三国时期文学家曹植所写的《洛神赋》中，都提到了美人身上会传来花椒的香味。

花椒被用作调味料始于魏晋时期。东吴的陆玑写了一部《毛诗草木鸟兽虫鱼疏》，专门注解《诗经》里出现的动植物。书中提到，魏晋时期，

花椒在人们的生活中被广泛使用。蒸鸡肉和猪肉的时候加一点花椒，肉会非常香。尤其是用花椒蒸鸡肠，蒸出来的鸡肠有特殊的香味。除了做调味料，花椒还被四川人和浙江人用来煮茶喝。

花椒作为我国的特产，在明朝时远销东南亚、欧洲、非洲，成为香遍全世界的调味料。

姜

我们平时吃的姜，其实是姜长在地下的块茎。跟花椒比起来，姜的辣味要足得多，让人吃下去胃里暖烘烘的。此外，姜还有一个特点——越老越辣，如果不小心吃到一块老姜，别提多“刺激”了。

我国栽培姜的历史非常悠久，春秋时期的《论语》中说，孔子“不撤姜食，不多食”，就是说他每顿饭都要吃加了姜的食物，但是能克制住自己，不会多吃。

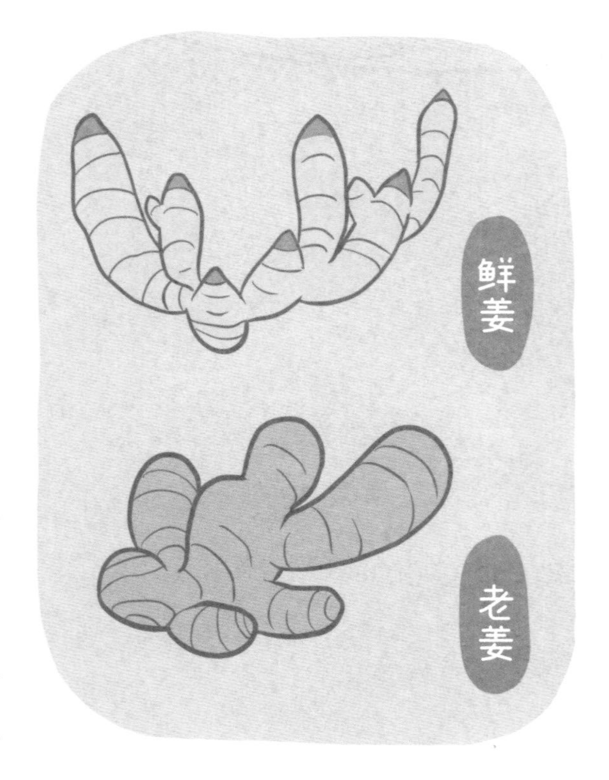

到了汉朝，姜的种植已经形成了规模。《史记》里提到，汉朝很多大城市的郊外都有专门种植姜的种植园。这些种姜专业户收入不菲，如果谁种了一千畦姜，富裕程度甚至可以比肩千户侯。

到了唐朝，姜已经是人们熟知的调味料了，很多菜肴都会用到姜。诗人白居易写过“鲂

（fáng）鳞白如雪，蒸炙加桂姜”的诗句，描绘的就是在蒸鱼时加入姜的场景。实际上，无论做哪种肉食，放姜都有去腥增香的作用。

姜生发出的芽叫“姜芽”。姜芽鲜嫩、饱满，若烹饪得当，也是一道美味。宋朝的诗歌中有“儿童篱落带斜阳，豆荚姜芽社肉香”之句，描写了夕阳西下时的乡间景象，姜芽正是晚餐中的一道菜。

茱萸

茱萸也是古人常吃的一种辛辣调味料。

我们最初知道茱萸，很可能是通过唐朝诗人王维的《九月九日忆山东兄弟》：“独在异乡为异客，每逢佳节倍思亲。遥知兄弟登高处，遍插茱萸少一人。”其实诗中这种插在头上的茱萸是山茱萸，而古人吃的茱萸主要是食茱萸，两者并不一样。前者结有鲜红、光滑的椭圆形果实，适合佩戴，后者长有芳香的叶片，但老枝嫩芽上都长满尖刺，连小鸟也不敢在上面栖息，故有“鸟不踏”之称。

食茱萸又叫“藙（yì）”，很早就被人们用于调味了。

《礼记》中提到，当时人们烧制牛肉、羊肉和猪肉的时候，都习惯用藙来解腻去腥，增味提鲜。这说明藙在3000年前就已经是家喻户晓的调味料了。

食茱萸在四川被广泛种植和使用。《齐民要术》中记载了四川人用食茱萸腌鱼的具体做法：将鲤鱼切成长二寸、宽二寸、厚五分的生鱼片，洗净后用盐腌制，再用很重的石头将鱼肉内的水分压出来，把鱼肉做成鱼干；将糯米饭与食茱萸、橘皮、酒搅拌均匀，作为腌鱼料；然后取一个缸，把鱼干和腌鱼料交替层叠放入缸中；最后用树叶封口，一个月后腌鱼便制成了。这种腌鱼可以清蒸，可以烧烤，最好吃的做法是熬汤，熬出来的汤香气四溢、咸鲜可口。

胡椒和辣椒

胡椒

胡椒是从域外传入的调味料，包括黑胡椒和白胡椒两种，它们都是胡椒的果实。黑胡椒是用未成熟的胡椒果实制成的，白胡椒则是用完全成熟的胡椒果实制成的。

相传，胡椒是汉朝的张骞出使西域时，从天竺也就是今天的印度带回中国的，但目前并没有考古资料或者可靠的史料可以证明这一点。关于胡椒最早的记载出现于西晋司马彪撰写的史书《续汉书》，书中写道：“天竺国出石蜜、胡椒、黑盐。”因为当时交通不便，中国与印度之间路途遥远，运送时间长，人力成本高，所以晋朝人最初将胡椒当作珍贵的药材，用来泡酒。

唐朝时，中国与外国的贸易十分频繁，更多胡椒经丝绸之路进入中国，但是当时胡椒的价格依然很昂贵。唐代宗时期，宰相元载因为贪污被抄家，办案人员竟在他家的库房里发现了 800 石胡椒，800 石相当于现在的 60 多吨。得知此事的唐代宗非常生气，下令拆了元载的相府和家庙，狠狠惩罚了他。唐代宗如此愤怒，也证明了胡椒在当时有多么珍贵。

到了宋朝，胡椒一度和玳瑁、象牙、珊瑚等物一同被列为禁榷（què）物。禁榷物就是禁止民间买卖、专供皇家使用的物品。宋朝文学家胡铨所著的《澹庵文集》中记载，北宋的皇帝们爱吃“胡椒醋羊头”。而林洪在《山家清供》中也提到了一道用胡椒调味的宫廷菜，名为“山海羹”。山海羹的烹饪方法是这样的：将春天的嫩笋煮熟，与新鲜的鱼虾一起切块，加入酱油、麻油、盐、胡椒粉拌匀，最后加入绿豆粉皮，点上几滴醋。然而，在同时代的民间著作中，却很少能见到胡椒的身影。

到了明朝永乐、宣德年间，郑和下西洋开拓了海上商路，带回了大量来自东南亚和印度的胡椒。明朝政府将这些胡椒按市面最高价折算成俸禄发给官员们，或者作为奖赏赐予士兵。这一做法居然持续了半个世纪，郑和带回来的胡椒才分发完。

明朝末年，海南、云南等地居民学会了种植胡椒，珍贵的胡椒也逐渐变成平常物，在民间被广泛使用。比如河南著名的小吃胡辣汤，就要用到辛辣的胡椒。由于大家开始普遍使用胡椒，花椒的使用量锐减，而在明末清初引进辣椒之后，食茱萸就彻底从人们的日常食谱中消失了，只在中药里才能见到它的身影。

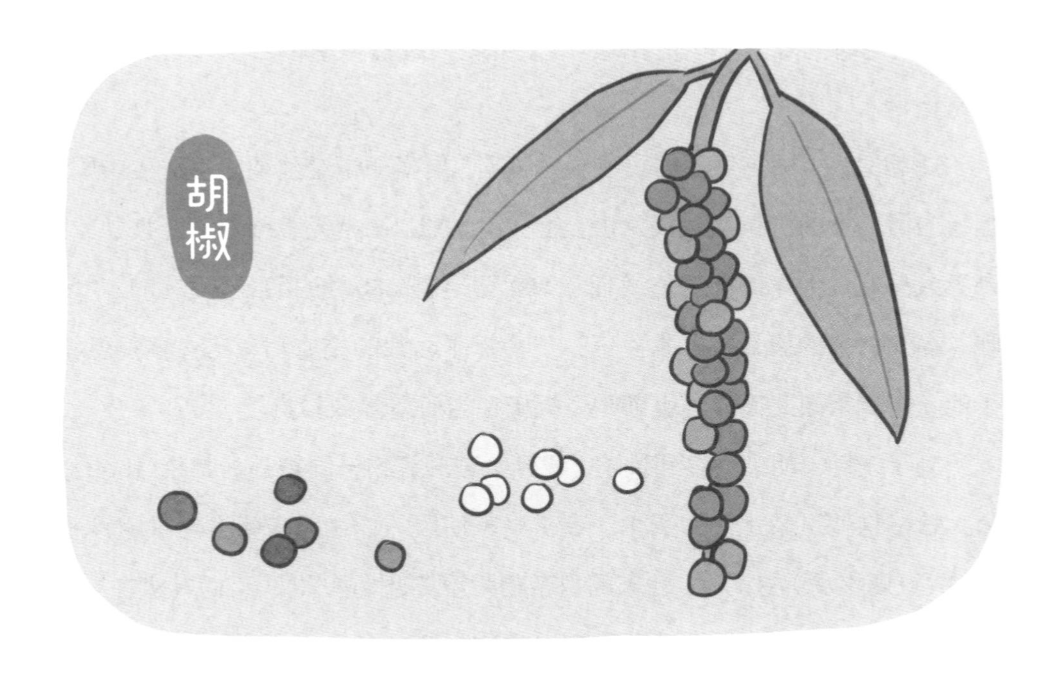

辣椒

虽然我们现在说到辣，第一时间想起来的是辣椒，但其实我们中国人吃辣椒的历史很短。直到明朝中期，辣椒才随着欧洲殖民者的足迹，从南美洲传入中国。

最初，人们把辣椒当作观赏植物。明朝农学家王象晋编纂的《二如亭群芳谱》中写道：“番椒，亦名秦椒。白花，子如秃笔头，色红鲜可观。”意思是说，辣椒的果实红艳艳的，十分好看。又过了近百年，辣椒才进入人们的食谱，但主要是被当成一种草药。

直到清朝，贵州等地的山区农民因为缺盐，才开始用辣椒来“代盐下饭”。后来，辣椒的使用又扩散到了湖南、四川等地区。

在辣椒刚刚开始流行的时候，吃辣椒被认为是穷苦的象征。因为最初人们吃辣椒，要么是为了用辣椒辛辣的味道掩盖食材的不新鲜，要么是吃不起肉和蔬菜，只能拿辣椒代替油、盐下饭。例如，重庆的码头工人为了吃下便宜但腥味重的动物内脏，就将动物内脏和很多辣椒一起煮，这种吃法后来逐渐演变成以麻辣著称的重庆火锅。直到清末民国时期，辣椒还被认为是平民百姓的食物，士绅、贵族吃辣的比较少。清末的封疆大吏曾国藩是湖南人，非常爱吃辣椒，但他也不敢公开吃，而是让厨子偷偷在饭里放辣椒粉。

现如今，社会物质极大丰富，很少有人因为吃不起油、盐、菜、肉而选择吃辣椒下饭，但是爱吃辣椒的人有增无减。之所以会这样，可能是因为辣椒强烈的刺激感让人们欲罢不能吧。

不同地域的人偏爱的辣椒吃法也不一样。南方人吃米饭比较多，所以更喜欢把辣椒做成可以拌饭的辣椒酱。北方人吃面食多，因为北方气候干燥，所以辣椒粉更常见。最经典的就是陕西的油泼辣子，是用热油浇到辣椒粉上做成的。羊肉泡馍、擀面皮都离不开油泼辣子。

辣椒也被不同地域的人们调和出不同的口味。四川人无辣不欢，追求麻辣，被称作“不怕辣”；湖南人认为越辣越香，喜欢香辣，人称“怕不辣”；贵州人最爱酸辣，号称“辣不怕”。除此以外，还有江西的生辣、辽宁的甜辣……每一种辣都别有风味。

辣味的本质

几千年来，我们把味觉分为酸、甜、苦、辣、咸这五味，然而这个说法在现代却遭到了挑战。据科学家研究，辣其实并不是一种味觉，而是一种痛觉。

我们之所以能感受到酸、甜、苦、咸等味觉，是因为我们的舌头上布满了味觉感受器——味蕾。当我们把食物吃进嘴里时，味蕾受到刺激，就会向大脑传递味觉信息，我们就感受到了食物的味道。而我们在吃辣的食物时，其实并没有尝到辣的味道，也就是说，辣的食物不会触动味蕾。那为什么在吃辣的食物时，我们会有一种火辣辣的感觉呢？

辣的食物里有一些物质，如辣椒中的辣椒素、黑胡椒中的胡椒碱、芥末中的异硫氰（qíng）酸酯、姜中的姜酚（fēn）、大蒜或洋葱中的二烯（xī）丙基硫化物等，它们会激活分布在我们口腔和舌头里的感官神经元。其中有一些感官神经元负责感知温度和疼痛，当它们接触到这些辣味物质后，会立刻将信息传递到大脑：“警报！警报！你的舌头正处于极度高温的环境中！很有可能已经受伤！可能是接触了沸水、熔岩或是火焰！”

接到警报，大脑随即发动全部力量冷却身体：身体会试图出汗来降温；口腔会分泌大量的唾液；眼睛、鼻子和喉咙中的黏液膜也迅速加入工作，让眼睛流泪，鼻子流鼻涕、打喷嚏，有的人甚至会被自己的口水呛到。

当辣的食物进入胃后，食物里的辣椒素等物质会让胃部的括约肌放松，使食物可以逆流到食道。这就是为什么我们吃完辣的食物后会有烧心的感觉，或者会打嗝。

如果一下子吃了太多的辛辣食物，辣得受不了，该怎么办呢？可以试着吃一些能与辣椒素等物质结合的食物，比如乳制品、面包和大米。但无论如何，请记住，吃辛辣食物时千万不要喝水。实际上，喝水不仅无法抵消辛辣食物的刺激，反而会使辣椒素等物质在嘴里扩散，令人更加痛苦。

- 小知识 -

花椒的麻味从哪里来？

对于吃不惯四川、重庆那边麻辣口味的人来说，辣勉强还可以忍耐，麻则让人无法承受。一口正宗的川味水煮鱼吃下去，像是一千根细小的针在嘴里穿刺，麻得人仿佛失去了知觉，好一阵子才能缓过来。不过，四川、重庆地区的人却偏爱这种麻，他们吃水煮鱼时会大呼过瘾，而这种浓烈的麻味来源于当地特产的青花椒。

既然辣味已经被“开除”出味觉的行列，那么麻味会不会也不是味觉呢？猜对了！科学家经过大量研究后发现，花椒果皮中含有的花椒麻素可以刺激人的神经，产生一种强烈的震动感，就像是在人的舌头上装了一个电动小马达一样。这种刺激感持续时间稍长，就会让人感觉神经不堪重负，好像舌头和大脑的联系被断开了。这种感觉就和人蹲久了，大腿肌肉变得麻木一样。

古人也认识到了花椒对人体神经的这种刺激作用。古代医书认为，花椒有“小毒”。如果一次性食用过量花椒，就可能造成呼吸道麻痹，窒息而亡。

⑦

在所有味觉中，最不可或缺的是咸味。食物里的咸味主要来自盐，盐就像空气那样，是人类正常生存必不可少的一种物质。如果菜里没有咸味，即使加再多其他调味料，也难以调制出美味佳肴。咸味还可以增强其他味道的效果，比如说，想让甜品更甜，最好的办法不是继续加糖，而是加一点盐。

盐不只是美味的来源，也是我们维持身体正常运转所不可缺少的。因为盐的主要成分是氯化钠，钠离子可以维持血液中的酸碱和渗透压平衡，帮助小肠吸收营养物质；氯离子则是生成胃酸的主要原料，能保证神经正常运作和肌肉的正常状态。

制盐的历史

如此重要的盐，人们是用什么办法获取的呢？

在自然界里，盐主要存在于水里或岩石中。例如海水里就含有盐，所以海水是咸的。在内陆地区，人们发现有些地下水和湖水含盐度很高，这些含盐度很高的水被称作“卤水”。另外，盐还可以沉积成矿物，成为岩石的组成部分。

早期人类获取盐的主要方法有：用火煮干海水或地下、湖里的天然卤水；用小刀将含盐岩石的表面的盐层小心地刮下来；将这些岩石泡在水里，获得卤水，再用煮干卤水的方式获得盐。

在重庆中坝的一些新石器时代后期的遗迹里，考古工作者们在许多陶器的底部都发现了5000年前的盐粒，这证明当时的人已经掌握了熬制食盐的方法。相关研究也证明，这些遗址所处的地区在古代是专门的产盐基地，当地人用盐与外界交换其他生存物资。

根据来源，盐可以分为湖盐、井盐、海盐、岩盐等。

含盐度很高的湖被称为“盐湖”，通过加工盐湖的水而获得的盐就是湖盐。

山西解池在古代就是著名的“盐湖”，也是商朝最主要的产盐地。为了方便运盐，商朝人还围绕解池修建了四通八达的道路。

挖掘盐井，抽取并加工地下卤水所获得的盐，叫作“井盐”。

战国末年，秦国的李冰在四川主持修建著名的水利设施——都江堰。其间，他发现了自然流出的盐泉，也就是地下的卤水。于是，李冰带领人们挖掘盐井，拉开了四川井盐生产的序幕。如今，四川自贡井盐深钻汲制技艺被列入第一批国家级非物质文化遗产代表性项目名录。

从海水中提取的盐叫作“海盐”。

海水中的杂质含量比较高，海盐中会含有不同种类的杂质，因此会呈现不同的色泽。相传，史前时期有个叫夙沙氏的人，他最早开始煮海水制盐，获得了青、黄、白、黑、紫五种颜色的盐，他也因此被尊称为“盐宗”。

另外，海盐中的杂质会导致海盐有些发苦。汉朝时，人们终于发明出将海盐中的杂质分离出去的方法，让海盐不再那么苦。海盐的主要产地扬州从此声名鹊起，成为历代朝廷的主要赋税来源之一。

唐朝时，人们发明出“日晒法”：将海水多次分流进盐田，然后利用太阳把海水晒干成盐。利用这种方法晒出的海盐既优质，又便宜，海盐因此成为人们日常生活里最主要的食盐来源。

由于制盐成本不高，获利非常丰厚，又是人人离不开的生活必需品，所以从汉武帝时期开始，朝廷就实行了食盐专卖制度，只有政府才能制作和售卖食盐，私自贩盐，属于违法犯罪，被抓住了甚至可能会处以死刑。到了宋代，政府会发放盐引，其他人要想贩盐，必须先拿到盐引。盐引类似现在的特种经营许可证。

腌制食物和酱

古时候，盐对老百姓来说非常珍贵，所以需要小心翼翼地保存，但是盐又很容易吸收空气中的水蒸气从而受潮，甚至溶解掉。后来，人们想出了一个好办法——用盐来制作腌菜、腌肉和酱，这样就不用担心盐受潮了。需要吃盐的时候，就吃这些含盐量高的腌制食物和酱。

更重要的是，盐能将水分从食物中逼出，杀死食物表面和内部的微生物。因此，加入很多盐制成的腌制食物和酱不容易腐烂、变质，更容易保存，可以说是一举两得。

腌菜

腌制的蔬菜叫“腌菜”。《邶风·谷风》中有诗句说：“我有旨蓄，亦以御冬。”意思是说，冬天到来之前，要储存好干菜和腌菜用来过冬。当时的人们把腌菜叫“菹（zū）”，韭菜做的腌菜叫“韭菹”，芹菜做的腌菜叫“芹菹”，葵菜做的腌菜叫“葵菹”……几乎每一种蔬菜都可以拿来做腌菜。

现在，北方很多地方还保留着冬天腌萝卜、白菜的习俗，只是因物产丰富、物流便利，再也不用只靠腌菜来过冬了。

咸鱼

用盐腌制的鱼就是咸鱼。古人把咸鱼叫作“鲍鱼”。可能是因为以前的腌制技术不够先进，古代的咸鱼往往很难闻。秦朝末年，秦始皇在巡游的途中去世，他的儿子胡亥和中书府令赵高阴谋夺权，便隐瞒秦始皇去世的消息，并将一堆鲍鱼放到秦始皇的车驾上用来遮盖尸体的臭味。

西汉文学家刘向曾写道：“与恶人居，如入鲍鱼之肆，久而不闻其臭，亦与之化矣。”这是把跟道德败坏的人相处比作进入卖咸鱼的店铺，在卖咸鱼的店铺待久了，就不觉得臭了；跟道德败坏的人相处久了，也会变得素质低劣。

火腿

火腿就是以猪腿肉为原料腌制成的一种食物，传统火腿的原料是整只猪腿。

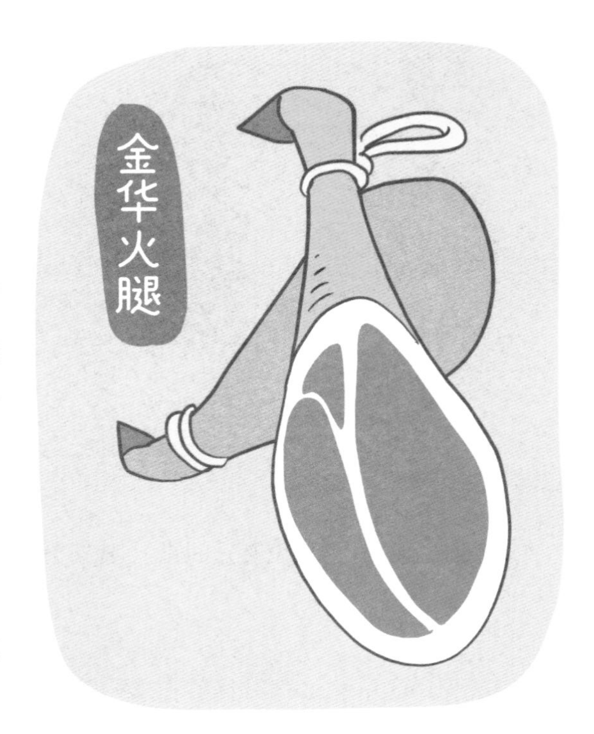

中国历史上最早关于火腿的记载，出自唐朝中药学家陈藏器所写的《本草拾遗》：“火骽（tuǐ），产金华者佳。”“火骽”就是火腿，这句话的意思是说，金华产的火腿最好吃。

金华火腿至今都非常有名，其腌制技艺还被列入第二批国家级非物质文化遗产名录。其实，金华火腿的制作方法并不复杂，在猪腿表面覆盖上一层厚厚的盐，挂到通风处风干，让猪腿轻微发酵几个月就做成了。

火腿的用途十分广泛，可以做冷菜、热菜或汤，既能当主料，也能当提鲜的配料。自明朝起，火腿一直作为皇室供品，用来制作各种宫廷菜肴。清朝著名的宫廷盛宴“满汉全席”中，用火腿做原料的菜就有金华火腿拼龙须、鱼肚煨火腿、火腿笋丝等。清朝的乾隆皇帝在江南巡视期间，膳食中多次出现了糟火腿、火腿鸡等用火腿做成的菜肴。

咸鸭蛋

咸鸭蛋就是经过腌制的鸭蛋。当代作家汪曾祺曾写过一篇散文《端午的鸭蛋》，记述了他的家乡高邮的咸鸭蛋，惹得无数读者垂涎三尺。咸鸭蛋的历史也很悠久。《齐民要术》中记载了一种制作咸鸭蛋的方法“作杬（yuán）子法”：“取杬木皮，净洗细茎，锉，煮取汁。率二斗，及热下盐一升和之。汁极冷，内瓮中，汁热，卵则致败，不堪久停。浸鸭子。一月，任食。煮而食之，酒食俱用。”到了宋元时期，腌咸鸭蛋的技术更加先进了。

最初的酱是肉酱，叫“醢（hǎi）”。到了西周时期，出现了五花八门的醢，如鱼子酱、兔肉酱等。另外，还有非常奇葩的蚁子酱，就是用蚂蚁卵做的酱，《礼记》中称它为“蚳（chí）醢”。蚁子酱的做法延续到了后世，陆游在《老学庵笔记》中提到，广东地区的人会用大蚂蚁的卵制成蚁子酱。不过，不管什么酱，制作时都跟我们现在的豆瓣酱差不多，都需要加很多盐。

做好的酱可以用来调拌食物。东汉时期的大学者应劭在《风俗通义》中记载：“酱成于盐而咸于盐，夫物之变有时而重。”意思是说，酱是用盐做的，但比盐更咸。那时酱已经普及了。

在古人眼里，酱油也是一种酱，叫“清酱”。秋天制作的酱油品相最好，被古人称作“秋油”。清朝美食家袁枚在《随园食单》中记载了很多菜肴，其中不少都要用到秋油，就像我们现在炒菜离不开酱油一样。

- 小知识 -

真正的第五种味觉

虽然辣味已经被科学家证实不是一种味觉，但“五味”这个说法并没有变成“四味”，因为科学家发现了第五种味觉——鲜味。

古人很早以前就发现，肉类、竹笋、香菇、海带等食物，不管是煮的还是烤的，吃起来总有一种特殊的鲜味。所以，古人常用它们来吊制高汤，给其他食物提味。他们一开始以为，这种鲜味是新鲜食物本来的味道，但后来又发现，腌制的咸肉吃起来也有鲜味。

到了现代，科学家才解开了鲜味的秘密：那些食物之所以吃起来感觉鲜味十足，是因为它们都含有鲜味物质，比如，海带中含有谷氨酸钠，鸡肉、牛肉中含有核苷酸和肌苷酸钠，香菇中含有鸟苷酸钠，等等。把这些鲜味物质提取出来，可以制成专门给食物提鲜的调味料。我们最常用的鲜味调味料——味精，就是用从天然海带中提取的谷氨酸钠制成的。

- 结语 -

一部中国饮食文化史，也是一部科学技术进化史。从最初的刀耕火种到犁铧（huá）、牛耕的发明及高产农作物的培育，再到现代的机械化耕作；从采集野蜂蜜到学会养殖蜜蜂，再到各种制糖技术的出现；从生吃鱼脍到学会烤鱼、蒸鱼、炸鱼、炖鱼……在漫长的岁月里，我们的祖先与天斗、与地斗，经历了洪水、旱灾、狂风、蝗灾等自然灾害，栽培了数不胜数的粮食、蔬菜、水果，养殖了多种多样的牲畜、水产，发明了种类繁多的调味料，让餐桌变得越来越丰富。与此同时，他们还发挥想象力，把自然界产出的各种天然食材，通过烹饪与加工，变成色、香、味俱全的美食。这一切汇聚到一起，形成了我们引以为傲的中国饮食文化。

从古到今，中国人在烹饪这条路上从未停下脚步。西汉时期丝绸之路开通后没多久，人们就将西域传入的芝麻榨成麻油，用来炒鸡蛋；唐朝时期，人们从印度学会更好的制糖方法后，立刻做出了更多的甜味糕点；辣椒虽然是到清朝才在全国普及，但人们很快就用辣椒做出了麻婆豆腐、回锅肉、麻辣火锅等辣味美食……

还有很多我们熟悉的现代美食，比如著名的川菜水煮鱼，最早是在 1983 年重庆地区的一次烹饪大赛上出现的；著名的新疆大盘鸡，是 20 世纪 90 年代初新疆长途货运司机喜爱光顾的路边小饭店开创的菜品。

社会在不断进步，中国饮食在不断发展。我们现在能吃到的食物，无论是在种类、营养上，还是在味道上，都是几千年前的祖先想都不敢想的。所以，一定要珍惜食物，珍惜我们现在的幸福生活！